INTRODUCTION A L'ÉTUDE

DE

L'ULCÈRE SIMPLE

MONTPELLIER, TYPOGRAPHIE DE BOEHM ET FILS.

INTRODUCTION A L'ÉTUDE

DE

L'ULCÈRE SIMPLE

PAR

J. AUZILHON

Aide-Anatomiste de la Faculté de médecine de Montpellier.

OUVRAGE COURONNÉ

PAR LA SOCIÉTÉ DE MÉDECINE ET DE CHIRURGIE PRATIQUES DE LA MÊME
VILLE.

AVEC UNE PLANCHE

MONTPELLIER

C. COULET, LIBRAIRE-ÉDITEUR

LIBRAIRE DE LA FACULTÉ DE MÉDECINE
ET DE L'ACADÉMIE DES SCIENCES ET LETTRES
Grand'rue, 5

PARIS

ADRIEN DELAHAYE, LIBRAIRE-ÉDITEUR
Place de l'École-de-Médecine

1869

AVANT-PROPOS

Le travail qu'on va lire n'aurait jamais vu le jour, sans la haute distinction qui lui a été accordée au commencement de l'année 1868, par la Société de médecine et de chirurgie pratiques de Montpellier. Écrit pour un Concours, et peu de temps avant l'époque où il devait être remis à ses Juges, il possède, en les exagérant peut-être trop, tous les défauts inhérents à un Mémoire fait dans ces conditions. Nous avons embrassé un sujet qui se prêterait à des développements bien différents de ceux qu'il nous a été possible de lui donner. La question de l'*ulcère simple* est vaste à traiter, et nous nous sommes plutôt attaché à montrer la voie à suivre qu'à la parcourir tout entière. Le lecteur ne tardera pas non plus à rencontrer bien

1

des imperfections d'ensemble et de détail qu'on eût pu éviter en revoyant avec soin notre rédaction. Nous le prions de ne pas être un Alceste, et d'accepter encore, comme excuse, le peu de temps que nous y avons consacré. Nous aurions pu, il est vrai, la reprendre depuis et lui faire subir beaucoup de changements. Mais, outre que nous ne sommes plus placé d'une manière aussi convenable qu'à l'époque de la composition de ce Mémoire, pour étudier la maladie qui en fait le sujet, nous avons tenu à le donner tel qu'il a été écrit tout d'abord, sous la réserve d'y ajouter quelques notes, si elles paraissent nécessaires pour son intelligence.

On s'étonnera peut-être aussi du petit nombre d'observations annexées à ce travail. Ne nous étant décidé à l'écrire que fort tard, nous avons laissé passer, en les observant, mais sans les rédiger, bon nombre de cas d'ulcères simples, tant à l'hôpital Saint-Éloi qu'à l'Asile public d'aliénés de Montpellier, qui auraient été très-utiles. Mais nous ne donnons ici que le petit nombre de ceux qui existaient lors de sa composition ou sur lesquels nous possédions des notes, sauf à nous reporter par le souvenir à ceux que nous n'avions pas sous les yeux. Ce que nous avons cherché surtout à faire, c'est à émettre sur la maladie que nous avons étudiée, des idées qui nous fussent propres, basées sur ce qu'on voit chez le malade, sans rien de préconçu, et, tout en respectant les Maîtres de la science, à ne pas les suivre toutes les fois que nous le jugerions convenable. Puisse cette manière d'agir nous faire pardonner plusieurs de nos défauts !

Il ne nous reste qu'à remercier publiquement et bien sincèrement M. Cavalier, professeur-agrégé à la Faculté de médecine et médecin en chef de l'Asile public d'aliénés de Montpellier, pour la bonté avec laquelle il a mis entre nos mains les registres de l'Hospice dont il est le directeur.

Là se trouvait, en effet, l'état de la plupart des sujets de nos observations, à une époque bien antérieure à celle où il nous était donné de les observer nous-même, ce qui nous a permis de compléter leur histoire pathologique.

Montpellier, 51 décembre 1868.

AUZILHON.

INTRODUCTION A L'ÉTUDE

DE

L'ULCÈRE SIMPLE

INTRODUCTION

La pensée d'écrire le Mémoire que nous avons l'honneur de présenter en ce moment à la Société de médecine et de chirurgie pratiques, nous est venue en rapprochant des notions qui nous sont fournies par la plupart des livres classiques les cas d'ulcère simple que nous avons pu observer, depuis le mois de mai 1865, à l'hospice public d'aliénés de Montpellier, où nous sommes chargé des pansements, et ceux qui se sont présentés à l'hôpital Saint-Éloi depuis le commencement des vacances dernières.

Loin de nous, toutefois, la prétention de vouloir donner comme vrai tout ce que nous avons cru reconnaître dans la marche de l'ulcère simple, contrairement à ce qu'en ont écrit des hommes qui se sont occupés avec soin du sujet, et à qui leurs travaux, leur âge et leur science donnent une grande autorité; notre courte pratique et l'état peu avancé de nos études médicales nous le défendent. Mais, de même que nous nous reconnaissons franchement capable de pouvoir tomber dans l'erreur en émettant les opinions qui nous sont propres, nous croirions agir contrairement au but de la Société de médecine et de chirurgie pratiques, si nous gardions le silence sur aucune des réflexions que les observations faites sur les malades nous ont suggérées.

Notre titre dit assez que ce n'est pas un traité complet de l'ulcère simple que nous nous sommes proposé d'écrire.

La tâche en eût été trop longue et bien au-dessus de nos forces. Ce Mémoire sera sans doute incomplet sous beaucoup de rapports, et bien qu'embrassant un peu de tout ce que le médecin doit connaître sur le diagnostic, le pronostic et le traitement de cette maladie, nous nous estimerons très-heureux s'il n'est pas encore au-dessous de son titre. — L'ordre que nous suivrons dans l'exposé des matières de notre sujet sera celui qu'on suit d'ordinaire, et qui nous paraît le plus rationnel, au moins au point de vue d'une classification vraiment médicale et pratique. Ce sera celui de la succession des phénomènes, un ordre chronologique, en un mot. — Viendra d'abord un court aperçu historique sur l'ulcère simple et les différents travaux dont il a été le sujet. — Les causes de la maladie sont ensuite ce qui se présente en premier lieu ; nous en dirons quelques mots, surtout en tant qu'elles pourront éclairer le traitement prophylactique.

Les symptômes feront suite à l'étiologie : n'attirent-ils pas tout d'abord l'attention du médecin appelé auprès du malade ? La marche de la maladie et quelques mots d'anatomie pathologique y seront annexés comme étant leurs accessoires indispensables et servant à les éclairer.

Le diagnostic viendra ensuite , et sera suivi lui-même du pronostic et du traitement. Cette dernière partie est l'une des plus importantes de notre travail.

Après avoir exposé l'ordre que nous avons suivi dans notre rédaction, il n'est peut-être pas déplacé d'ajouter aussi quelques mots sur la manière dont nous avons pris les observations qui s'y trouveront annexées. Nous avons cherché à les rendre aussi exactes que possible pour les faits qu'elles contiennent. Nous avons cru devoir supprimer tous les détails du régime des malades, et les rendre souvent par quelques mots, qui les résument tous, d'autant plus que cela est très-suffisant pour connaître l'influence du régime sur l'affection qui nous occupe. Pour la couleur des plaies, où la science ne contient encore rien de mathématiquement précis, nous avons suivi l'usage de tous ceux qui ont traité cette question avant nous, c'est-à-dire que nous avons seulement cherché à exprimer la couleur qui se présentait à la vue par les mots les plus convenables. Ce n'est pas qu'on ne pût arriver à de meilleurs résultats, si on appliquait, comme on le fera peut-être un jour, à la connaissance de la couleur des plaies les mêmes procédés qui sont usités en peinture à l'aquarelle pour se rendre compte des mélanges des couleurs, et notamment un disque en carton ou en papier sur lequel se superposeraient en divers sens les couleurs primitives, de manière à former tous les mélanges possibles et toutes les couleurs composées. En approchant ensuite ce disque de la partie colorée en observation, on pourrait reconnaître aisément de quelle couleur la partie affectée se rapproche le plus, et porter ainsi plus de rigueur dans l'étude de la couleur, qui est quelquefois d'un si grand secours pour la connaissance de la maladie elle-même. Mais ce n'était ici ni le temps ni le lieu de nous livrer à de semblables études, qui peuvent avoir de l'avenir, mais qui sont encore d'une faible importance relative.

Il n'en est pas de même de la mensuration des surfaces ulcérées, sans laquelle on ne pourra jamais construire des courbes qui permettent d'embrasser d'un coup d'œil la marche de la plaie. Les derniers auteurs qui ont écrit sur l'ulcère simple se sont contentés d'ajouter à la forme de la surface malade qu'ils observaient, la longueur de 1 et quelquefois de 2 de ses diamètres. Ce procédé nous a paru bien long pour obtenir l'aire de la plaie à cause des calculs qu'il exigeait, et bien imparfait à cause des irrégularités qu'affectent les bords de l'ulcère. Il ne pouvait donc pas être employé dans la pratique. Après plusieurs tâtonnements dans la recherche d'une méthode qui ne présentât que peu de difficultés d'emploi et joignît une grande célérité d'exécution à une suffisante exactitude, nous nous sommes arrêté à la suivante, qui est analogue à celles qu'on a employées depuis longtemps pour copier des dessins, et plus récemment en micrométrie, pour se rendre compte d'un nombre de corps très-considérable et de très-petites dimensions [1].

Un rectangle de baudruche bien transparente, bien tendue, et d'une longueur de 25 centim. sur une largeur de 20, est divisé par des lignes parallèles à ses côtés, à l'encre de Chine, en centimètres carrés. On peut même subdiviser une partie de son étendue en carrés d'un demi-centimètre de côté, ou moins encore pour plus d'approximation, ou se servir d'une seconde feuille divisée de cette dernière façon.

---

[1] On peut voir, dans la préface de l'*Anatomie homolographique* de E.-Q. Legendre, qu'on s'est encore servi d'un procédé à peu près semblable pour calquer des coupes de régions faites sur le cadavre.

Il ne reste qu'à appliquer immédiatement une de ces feuilles de baudruche sur la plaie, lorsque tout appareil de pansement est enlevé. La surface ulcérée s'y dessine par transparence, et en comptant simplement les carrés qui lui sont superposés, on se fait très-facilement une idée juste de son étendue. Il est vrai que les bords de la plaie forment d'ordinaire des courbes qui suivent très-rarement la limite des carrés; mais on peut compenser les portions de carré rentrantes par les portions sortantes, et du reste l'approximation n'a pas de bornes si l'on construit les carrés de plus en plus petits.

Quand on n'a pas avec soi l'appareil peu embarrassant et peu dispendieux que nous venons de décrire, on peut se contenter de calquer ou de dessiner la plaie, comme nous l'avons fait quelquefois, aussi exactement que possible. En appliquant ensuite la baudruche divisée en carrés sur le dessin, on obtiendra de même dans peu de temps la surface de l'ulcère.

L'étendue en surface n'est pas seulement ce qu'il y a à mesurer dans une plaie; mais l'élévation de ses bords, et par conséquent la profondeur de son fond, doivent attirer aussi l'attention du médecin, s'il veut se rendre un compte exact de la marche de la maladie. Pour cette dernière mesure, dont l'étendue est ordinairement faible, non-seulement nous n'avons pas cherché à obtenir plus de précision que ce qu'on l'avait fait déjà, mais encore nous nous sommes toujours contenté d'une simple approximation, retenu par cette pensée que les fractions de millimètre qu'on pourrait, par des moyens plus ou moins ingénieux, obtenir dans la mensuration de la profondeur d'un ulcère simple, n'auraient qu'une bien faible importance; car la plupart du temps les bords de la plaie sont recouverts de lames épidermiques épaisses qu'on ne peut enlever, si bien qu'on ne sait où est le tissu vivant, où est le corps étranger, ce qui empêche de porter trop de rigueur dans les mesures.

Malgré nos efforts, notre travail aura encore, sans doute, bien des imperfections ; ce que nous avons cherché surtout à faire, c'est preuve de bonne volonté, et nous serons très-satisfait si nous sommes parvenu à captiver la bienveillance de nos Juges.

HISTORIQUE.

C'est au Père de la médecine que revient l'honneur d'avoir, le premier, écrit sur l'ulcère simple. Hippocrate a, en effet, composé sous le titre de Περι-ελκῶν βίβλιων un livre dans lequel se trouvent quelques notions précieuses sur cette affection. Les médecins romains ont aussi, selon toutes les probabilités, connu l'ulcère simple, mais n'ont pas laissé d'écrits considérables sur la matière.

Du reste, tous les auteurs anciens ont écrit plutôt sur l'ulcération en général que sur l'espèce d'ulcération qui nous occupe, et qui n'a été bien connue que de nos jours. Ce qui s'y rapporte est comme jeté pêle mêle au milieu de leurs écrits sur toutes sortes de plaies, et ce n'est pas une tâche bien facile que d'en faire le triage.

La Renaissance, en mettant au jour les chefs-d'œuvre de l'antiquité, restés pour la plupart ignorés jusqu'à cette époque, trouva des médecins érudits qui, faisant pour la science ce que d'autres faisaient pour les lettres, consacrèrent leur travail et leur temps à faire revivre les grands hommes de la Grèce et de Rome restés ignorés jusqu'alors.

Ils accomplirent assurément une grande et belle œuvre, en élevant l'esprit humain au niveau qu'il avait déjà précédemment occupé, et en le remettant en marche après un sommeil de tant de siècles. Mais c'était déjà beaucoup, et là se bornèrent leurs travaux. Joseph Vigier, qui bien qu'un peu postérieur, peut néanmoins être rattaché à cette pléïade d'hommes illustres, nous a laissé, sous le titre de *Grande chirurgie des ulcères*, un livre qui donne une idée parfaite de l'état de la médecine à cette époque, au point de vue de la maladie que nous étudions.

Son livre est divisé en deux grandes parties. Dans l'une, après une sorte de préface où il tend à prouver qu'un grand nombre de sciences sont nécessaires au chirurgien, et notamment la Rhétorique, la Géométrie, la Musique, l'Arithmétique, la Physiologique, l'Hygiène, etc., etc., il parle de l'ulcération en général et des diverses sortes d'ulcères en particulier. Il donne une définition qui permet de séparer aisément la plaie de l'ulcère. Pour Vigier, la première est produite par cause tranchante, tandis que l'ulcère l'est par une cause contondante interne ou externe. Cette définition se rapproche beaucoup de celle de Fallope, qui avait déjà défini avant lui l'ulcère : « une solution de continuité provenant de cause interne ou externe, faite en partie molle et charneuse, compliquée avec déperdition de substance, cavité et sanie ou pus ».

Après des détails assez incomplets sur le diagnostic des ulcères, il en donne en quelque sorte le catalogue. C'est là que se trouvent les noms les plus extraordinaires appliqués à des affections tantôt tout à fait semblables, tantôt absolument différentes ; ce sont : *Ulcus aperistatos , reumaticon, scolecodes , ichorosum, ryparon seu sordidum, diffodes seu fœtidum, corrosium, nome, phagedæna, chronicum, telephium , cacoetes, iponoma*, etc., etc. ; en tout plus de soixante et dix espèces. L'ulcère simple s'y trouve plusieurs fois selon l'aspect qu'il présente dans certaines périodes de son évolution, et y est uni à des affections telles que la gangrène, le cancer, qui n'ont aucun rapport avec lui. Avant de pas-

ser à la seconde partie de son ouvrage, l'auteur donne,
d'après Hippocrate et les autres auteurs anciens,
auxquels il ajoute ceux qu'on a découverts de son
temps, les procédés d'une médication des ulcères.
Il émet aussi quelques idées générales à ce sujet. Je
laisse à penser la valeur qu'on peut leur attribuer,
appliquées à des maladies si différentes.

Nous ne citerons comme traitement que ce qui
a spécialement rapport à l'ulcère simple, sans tenir
compte des tisanes, dont la composition est quelquefois très-difficile, mais qui sont, en somme, très-inac-
tives, et qu'il préconise. On peut voir qu'il parle de
tenir la plaie dans un état de médiocre dessiccation
et d'y appliquer des emplâtres qui, dit-il, « d'autant
que le tempérament de la partie sera plus sec, devront être plus dessiccatifs ».

Dans la seconde partie de son ouvrage, il revient
sur la description des ulcères selon la région du corps
où ils se trouvent. Il y fait entrer, comme dans la
première, toute sorte d'affections, la teigne, le *noli
me tangere*, les maladies des reins, les fistules à
l'anus, etc.; les cautères eux-mêmes n'en sont point
rejetés. Au reste, nous ne nous étendrons pas plus
longuement sur cette seconde partie, cela ne nous ser-
virait qu'à répéter tout ce que nous avons dit de la
première.

Vigier ne donne dans tout son *Traité* que bien
peu de choses qui lui soient propres, et leur valeur

n'est pas au-dessus de la plupart de celles qu'il rapporte et qui appartiennent à ses contemporains ; mais il ne faudrait pas croire pour cela que ce ne fut pas un médecin distingué. Son livre de la *Grande chirurgie des ulcères* est dédié à M. de Raoul, *docteur en médecine de la très-fameuse université de Montpellier*, et ce M. de Raoul ne dédaignait pas de lui répondre à plusieurs reprises par les vers les plus flatteurs, tant latins que grecs et français, ce qui pourrait faire rougir plusieurs savants de notre époque.

Nous ne citerons que le quatrain suivant :

Si vous pouviez de moy ressentir tesmoignage
Digne de vos vertus et de vostre renom,
Je ne dirai de vous autre chose sinon
Que je vous reconnois le premier de nostre aage.

et ces vers :

Si palmam in scriptis, qui miscuit utile dulci
Obtinet, haud dubie palma, Vigere, tua est.

où, comme on le voit, l'éloge n'est pas parcimonieusement distribué.

J. Astruc publia le premier, après Vigier, un *Traité des tumeurs et des ulcères*, où se trouvent dans ce dernier genre d'affection quelques vues nouvelles, mais sans importance pour ce qui a spécialement rapport à l'ulcère simple. Presqu'à la même époque (1759) Boehmer (Ph.-Ad.) et Nietzki écrivaient aussi sur la même matière, le premier insistant sur la difficulté de la guérison des ulcères, à cause des complications dépendant des lésions des viscères ; le second donnant pour titre à son travail celui de *Dissertation sur les causes et les inconvénients du cal qui se développe pendant la cicatrisation des ulcères, avec les moyens de s'en préserver ou d'en guérir.*

Pohl, en 1767, faisait paraître, à Leipzig, un mémoire assez analogue à celui de Nietzki.

Ces trois auteurs semblent déjà étudier beaucoup plus spécialement l'ulcère simple qu'Astruc et surtout Vigier ; mais il règne encore beaucoup de vague dans leurs écrits, où ils se sont plutôt attachés à parler des effets et du traitement des genres d'ulcère dont ils se sont occupés, qu'à en donner une définition claire et précise qui permet de les distinguer des autres.

La thèse de Bouvart (Paris, 1774) est entachée du même défaut. Elle n'est remarquable que pour être tout entière l'expression d'une idée que professent encore de nos jours beaucoup de médecins praticiens, à savoir : que dans l'ulcère il ne faut jamais chercher à guérir la plaie externe, sous peine de voir s'opérer, à la suite de cette guérison, des troubles plus ou moins graves sur des organes internes importants. C'est ainsi que l'auteur affirme avoir vu la phthisie, les abcès du foie, de la rate, du mésentère, etc., être la suite de la fermeture d'un ulcère. Il compare ce qui se passe après la guérison d'une plaie de cette nature à ce qui a lieu après la suppression d'un flux hémorrhoïdal, et assure que, de même que les troubles qui ont lieu dans ce dernier cas, dans l'économie, disparaissent aussitôt qu'on rétablit par un moyen artificiel le flux hémorrhoïdal supprimé, il est arrivé plus d'une fois qu'une phthisie confirmée, suite de la fermeture d'un ulcère, a été guérie par l'application de vésicatoires jouant le même rôle que la plaie ulcéreuse avant de se cicatriser. Cette thèse s'appuie sur deux observations, qui malheureusement, du moins pour la première, n'ont aucun rapport avec l'ulcère simple. Pour la seconde, il est aussi très-difficile de savoir à quoi s'en tenir sur la nature de la plaie du sujet dont il parle, car c'est un homme qui a été mordu par un chien enragé. Cependant l'auteur n'en conclut pas moins qu'on doit rouvrir les ulcères, de crainte de désordes plus graves, et donne comme moyens, pour atteindre ce but, les caustiques, les cathérétiques et les épispastiques, qu'on devra appliquer sans retard.

Il suffit de donner les preuves apportées par Bouvart, pour faire connaître la valeur de son autorité, qui est cependant souvent invoquée par certains praticiens de nos jours.

Merk écrivit ensuite sur le traitement des ulcères invétérés, mais ce n'est qu'après lui que commencent véritablement, avec Benj. Bell, Underwood, Weber, Whately, Brambilla, Ev. Home et Baynton,

2

les connaissances précises sur l'ulcère simple. Nous ne nous étendrons pas davantage ici sur ces grands hommes, qui ont été, par la création des procédés de traitement qu'ils ont préconisés, et sur lesquels nous aurons à revenir, des bienfaiteurs de l'humanité.

Depuis lors, l'étude de l'ulcère simple est entrée dans une voie nouvelle, et les ouvrages se sont multipliés, à son sujet, à partir du commencement du XIXᵉ siècle, d'une manière étonnante. Osthoff et Rust s'en sont occupés, mais c'est surtout aux auteurs anglais qu'il faut toujours revenir pour trouver les connaissances les plus précises sur cette partie de la chirurgie. Parmi eux, Brodie a écrit avec distinction sur l'ulcère variqueux; Ainslie et H. Dewar, sur le traitement de l'ulcère simple. Enfin, à une époque plus récente, M. Reveillé-Parise et M. Velpeau ont préconisé de nouveaux modes de pansement sur lesquels nous reviendrons.

Parent-Duchâtelet a fait une savante étude sur les causes du développement des ulcères qui affectent les jambes d'un grand nombre d'artisans de la ville de Paris. Ph. Boyer dans un rapport, Rigaud et Conté dans des thèses de doctorat et d'agrégation, ont aussi traité de la maladie qui nous occupe.

Pour ne pas nous répéter, nous reviendrons sur les travaux de la plupart de ces auteurs à mesure que le développement de notre sujet l'exigera.

Le dernier écrit sur l'ulcère simple que nous

connaissions, et qu'il nous reste à mentionner, est la thèse de doctorat de Ch. Palenc (Montpellier 1867).

DE L'ULCÈRE SIMPLE.

Sans entrer dans l'étude de l'ulcération en général, et passer en revue les diverses opinions qui ont été émises à son sujet, il est nécessaire cependant de faire connaître ce que nous entendons par ulcère simple, pour nous livrer plus tard à l'étude de ses symptômes, de sa marche et de son traitement.

Nous appellerons ulcère simple, une solution de continuité bien caractérisée, se formant sur une partie du corps, toujours sous l'influence d'une cause interne étrangère à la scrofule, la syphilis, ou toute autre affection générale ; et suivant toujours la même marche, bien que plus ou moins prononcée dans la durée et dans la manifestation de ses symptômes.

Il est vrai que la première de ces propositions : l'ulcère simple est toujours produit par une cause interne, pourra paraître hasardée à un observateur superficiel, à qui fort souvent les malades auront déclaré que c'est un coup ou tout autre traumatisme qui a été la source de leur ulcère. Mais comment, si le sujet n'y était prédisposé, une légère blessure verrait-elle dans ces circonstances sa surface, au lieu de diminuer, s'étendre davantage, suppurer intermina-

blement, enfin résister avec tant d'énergie à la tendance de l'organisme vers la cicatrisation ?

De plus, l'ulcère simple est une affection dans laquelle il est impossible d'admettre aucune variété.
Son siége de prédilection, ses symptômes et sa marche, sont toujours les mêmes. Les distinctions que
Vidal de Cassis établit entre les ulcères qu'il appelle
inflammatoires, calleux, variqueux, fongueux et atoniques, sont basées uniquement sur des complications
de la maladie, ou dépendent de l'époque à laquelle
on commence son étude. Cette confusion regrettable
n'aurait pas eu lieu si, loin de vouloir toujours subdiviser des affections semblables à elles-mêmes, on s'était
borné à se former une idée nette de leur évolution.

Pour cela, il aurait fallu faire ce qu'avaient déjà
fait les auteurs anciens, et qui se trouve dans le
Traité de Vigier, c'est-à-dire diviser la marche de
l'ulcère en plusieurs périodes dont nous montrerons
plus tard toute l'importance, au triple point de vue
du diagnostic, du pronostic et du traitement.

On aurait vu ainsi que certains ulcères simples
peuvent manquer, sous l'influence de causes extérieures, d'une ou de plusieurs de ces périodes, sans
perdre pour cela davantage leur nature d'affection
bien distincte et bien caractérisée.

Nous montrerons, à propos de la marche de l'ulcère simple qui se développe spontanément, qu'il
présente toujours à son début une prédominance

marquée de caractères inflammatoires, suivis de formation de pus. Celui-ci, après avoir été évacué, laisse une plaie qui passe successivement, en perdant les caractères précédents, à un état complètement atonique, pour arriver enfin à la cicatrisation.

Supposez maintenant que le sujet soit prédisposé, tant par l'affection générale que locale, à réaliser une plaie atonique, un ulcère simple, mais que la prédisposition n'en soit pas arrivée encore au point où, à la suite de processus inflammatoires, du pus se forme dans ses tissus. Si, à cette époque, un coup ou un autre traumatisme l'atteint à l'endroit où se développera plus tard l'ulcère, l'inflammation pourra s'étendre fort peu et être excessivement peu intense ; mais la plaie ne s'en fermera pas plus rapidement pour cela, elle aura tous les caractères de l'ulcère simple, avec cette seule différence que la première période, qui se trouve toujours lors de son développement spontané, aura manqué.

Il pourra aussi arriver un cas encore plus difficile à comprendre. Ainsi, la plaie formée par un corps vulnérant quelconque, sans processus inflammatoire, pourra ne pas être suffisante pour satisfaire pour ainsi dire aux exigences de l'économie, et on pourra voir, pendant sa durée, se manifester les symptômes qui caractérisent le développement spontané de l'ulcère. Ici, l'ordre de ses périodes semblera interverti; mais, comme on peut le voir, il est facile à l'esprit de le rétablir bientôt.

Quant à l'opinion que nous rattacherions presque à la définition de l'ulcère simple, c'est-à-dire qu'il se développe la plupart du temps sous l'influence d'une affection plus ou moins profonde du système nerveux, nous la basons sur ce que nous avons cru remarquer dans l'Asile public d'aliénés de Montpellier, où il nous a été donné d'observer un assez grand nombre de cas de cette affection remarquables par leur persistance. Une semblable opinion naît aussi dans l'esprit à la lecture des observations qu'on peut se procurer sur l'ulcère simple, et notamment de celles qui se trouvent dans la thèse de Palenc (1867), où, sur seize observations, un ulcéré a son père mort de paralysie; un autre est mort lui-même à peu près de la même façon ; un troisième a été dans sa jeunesse paralysé du côté droit, et la plupart des autres ont un tempérament pour le moins aussi nerveux que lymphatique.

L'âge où la maladie se présente, et qui est rarement la jeunesse, n'est-il pas celui où le système nerveux voit décliner l'activité de ses fonctions?

On a cru pouvoir peut-être rattacher la formation de l'ulcère à des troubles de la circulation cardiaque ; mais ne devrait-on pas plutôt l'attribuer à ce qui se passe dans les vaisseaux d'un très-faible calibre, et les capillaires, où le sang circule uniformément sans ondées isochrones aux contractions des ventricules, et sous l'influence si prépondérante des nerfs vaso-moteurs?

La prédisposition aussi très-marquée du membre inférieur gauche, qui fatigue le moins chez les personnes qui ne sont ni gauchères, ni ambidextres, et où le tissu nerveux est par conséquent moins développé, de même que les autres tissus, n'est-elle pas encore favorable à notre théorie?

CAUSES.

Parmi les causes principales du développement de l'ulcère simple, en outre d'une affection du système nerveux plus ou moins grave, passagère ou durable, se trouve en première ligne l'âge avancé du sujet. Nous n'avons connu qu'un seul individu, qui fait le sujet de la première observation annexée à ce mémoire, âgé de moins de 40 ans. La majorité de ceux que nous avons observés avait un âge au-dessus de 50. Tous les auteurs que nous avons lus donnent à peu près les mêmes résultats. On admet généralement que c'est de 40 à 50 ans que la maladie commence à se développer.

Les tempéraments lymphatiques et les sujets dont la constitution est ruinée par une affection ancienne quelconque, y seraient aussi plus prédisposés que les autres. Cela dépendrait de la débilitation locale qui complique les affections générales.

Une mauvaise nourriture et les autres suites de la misère, produiraient les mêmes effets.

Vidal (de Cassis) dit que les cochers, cuisiniers, menuisiers, boulangers, imprimeurs, les forts de la halle, ou bien encore ceux qui ont les jambes plongés dans l'eau ou dans un milieu humide et froid, comme les balayeurs, les blanchisseuses, les débardeurs, les pêcheurs, sont les plus sujets à l'ulcère simple.

Il aurait pu passer aisément les blanchisseuses sous silence, car, soit dans les auteurs, soit dans la pratique, les ulcères simples qui se sont développés sur des femmes sont bien difficiles à découvrir, au moins bien caractérisés.

Et pour les autres professions qu'il donne comme prédisposant à cette même maladie, les observations de Palenc, corroborées par celles que nous avons eu l'avantage de faire nous-même, y sont contraires; en ce sens que la plupart du temps ce sont des habitants de la campagne, des propriétaires ou des cultivateurs, qui en sont affectés. Mais cela ne tend pas cependant à renverser l'opinion qu'il émet, quand il dit que ce sont les personnes obligées de se tenir le plus souvent debout, qui sont le plus ordinairement atteintes d'ulcère.

Les varices ne prédisposent en rien, à notre avis, à contracter l'ulcère simple, par elles-mêmes.

Lisfranc a voulu voir comme cause un ralentissement apporté à la circulation veineuse; mais aussi il considère l'ulcère simple comme une sorte de gangrène, idée que Vidal a développée dans la suite à propos de l'ulcération en général.

Nous ne nous formons pas sur cette maladie les mêmes idées, et nous croyons, comme nous l'avons déjà dit, que l'ulcère ne peut pas être attribué à une cause mécanique si restreinte. Ou il faut rapporter sa formation à une disposition spéciale du système nerveux qui préside aux fonctions de nutrition comme de mouvement, ainsi qu'à la formation du pus, etc.; ou bien nous ne serions pas loin d'admettre pour lui une diathèse spéciale, sous le nom de diathèse ulcéreuse, cause inconnue dans son essence.

La gangrène étant la mortification d'une partie plus ou moins étendue du corps, avec cessation de toute action organique, circulation, nutrition, etc., il nous est impossible de la confondre avec l'ulcère, où la plupart de ces fonctions du système vivant sont affaiblies, mais rarement anéanties tout à fait, et où se crée dès le début une fonction nouvelle, la formation du pus, qui ne peut exister sur des parties complètement privées de vie. La marche de la gangrène n'est pas non plus du tout semblable à celle de l'ulcère, ce qui rend d'autant plus étonnante la comparaison que certains auteurs ont faite entre l'une et l'autre de ces affections.

Nous serions entraîné trop loin s'il nous fallait citer toutes les autres opinions émises sur les causes et la nature de l'ulcère simple, surtout à l'occasion de l'ulcération en général, opinions qui sont la plupart du temps formulées *à priori* et sans apporter à leur appui des observations suffisantes. Toutefois la théorie de Hunter, qui veut que l'ulcération soit produite par une absorption anormale des tissus, par des pertes locales non compensées par les matériaux de nutrition qui devraient les combler, et même l'opinion ancienne qui l'attribuait à une corrosion par des liquides âcres et irritants, nous semblent rendre mieux compte de la formation de l'ulcère simple qu'une gangrène moléculaire. Mais ces théories eussent-elles complètement la sanction de l'expérience, il y aurait encore toujours à invoquer la cause interne qui préside plutôt à la formation de l'ulcère à telle époque qu'à telle autre, chez tel individu que chez tel autre; toutes autres causes égales d'ailleurs, chez les malades en observation.

Cette prédisposition inhérente au sujet affecté, on ne peut la voir, dans l'état actuel de la science, que dans une diathèse spéciale ou dans une affection du système nerveux, si les arguments que nous avons donnés à ce sujet paraissent le moins du monde plausibles.

SYMPTOMES.

Un malade qui, sans autre trouble dans la santé et après avoir dépassé l'âge de quarante ans, verra survenir de temps à autre, sur l'un de ses membres inférieurs et quelquefois sur tous les deux, mais de préférence le gauche seul, une légère rougeur accompagnée d'une sensation d'engourdissement de la partie affectée, qui verra la rougeur disparaître pour reparaître tôt ou tard à la même place, compliquée d'un gonflement plus ou moins considérable du membre, et ayant elle-même une plus grande intensité ; dont le repos pourra arrêter le développement, mais non sans qu'elle se présente encore de nouveau en s'aggravant de plus en plus, jusqu'à la formation d'une plaie, ce malade pourra avoir de fortes présomptions qu'un ulcère atonique ou simple va se développer chez lui.

L'aspect de la rougeur, qui sera violacée et accompagnée la plupart du temps, surtout dans une période assez avancée, d'une desquammation épidermique, en grandes plaques sur sa surface, donnera encore plus de force aux présomptions précédentes. Enfin, si l'épiderme se soulève en phlyctènes sur quelques points de la partie rouge et tuméfiée, et laisse échapper, en l'excisant, un pus assez fluide, gris verdâtre, qui met lui-même à découvert un fond à bords irréguliers, parsemé de petites inégalités d'une couleur rosée, on sera certain de la nature de l'affection à laquelle l'on aura affaire : c'est là la manière la plus habituelle de débuter de l'ulcère simple, quand il se développe spontanément. Mais, tout en étant toujours identique à lui-même, il ne faut pas croire qu'il ne revête parfois des formes différentes. Ainsi, les phlyctènes qui apparaissent peuvent être plus ou moins étendues, embrasser seulement une portion très-restreinte de la surface d'un membre, ou bien s'étendre sur tout son pourtour. D'ordinaire cependant, elles se bornent à la partie antérieure de la jambe gauche et surtout à sa partie interne au-dessus de la malléole. Ces phlyctènes ont lieu rarement près de l'articulation du genou ou sur le mollet. Il y a des cas, peu nombreux il est vrai, où non-seulement la maladie n'a pas débuté sur le membre gauche (où elle a lieu six fois sur une à la jambe droite, d'après les observations de la thèse de Palenc et les nôtres), mais encore où elle se présente à une région assez élevée de la jambe, à sa partie antérieure. C'est là le cas d'un malade de l'hôpital Saint-Éloi, occupant en ce moment le n° 11 de la salle des payants [1].

La variété du siége n'est pas non plus la seule

---

[1] Le malade en question avait une rougeur diffuse répandue sur une bonne partie de ses deux jambes au-dessus des malléoles, ce qui semble indiquer de sa part une prédisposition très-marquée à contracter l'ulcère simple. Un coup qu'il avait reçu, avait fourni l'occasion à la maladie de se développer plus tôt sur le membre droit que sur le membre gauche. Il est vraisemblable que ce sont souvent des causes analogues qui font développer l'ulcère sur le membre inférieur droit, au lieu de le laisser se montrer tout d'abord à son lieu de prédilection, au-dessus de la malléole du côté opposé.

qu'on observe dans les phlyctènes qui précèdent la formation de la plaie ulcéreuse. Ces phlyctènes peuvent être plus ou moins profondes et simuler quelquefois un abcès phlegmoneux ; mais la nature du pus permettra souvent de les distinguer l'un de l'autre. Il faudra les distinguer aussi d'un abcès qui se formerait chez un malade prédisposé à contracter un ulcère simple, et dont la plaie, suite de l'ouverture de l'abcès, au lieu de marcher vers la cicatrisation, s'étendrait au contraire davantage. Ici l'ulcère simple n'existe pas moins, mais manque de sa période naturelle, de celle qu'il affecte quand l'économie fait les frais de son ouverture, par des phénomènes en rapport avec la maladie. Ce cas, assez curieux, doit être rapproché de ceux où une cause étrangère à l'organisme, un coup, la contusion produite par une chaussure trop étroite, etc., etc., sont le point de départ d'une plaie ulcéreuse. Il s'est présenté une fois, depuis que nous observons l'ulcère : c'est chez un sujet de l'Asile public d'aliénés de Montpellier (P.....). Un furoncle anthracoïde apparut à la partie inférieure du mollet de la jambe gauche. A l'ouverture, il s'en échappa une quantité assez grande de pus strié de sang, avec l'aspect lie de vin, par places blanc jaunâtre et opaque quant au reste ; laissant apercevoir dans le fond un bourbillon blanchâtre. Nous croyions qu'avec les pansements appropriés à la nature de la plaie restante, le malade serait guéri au bout de trois ou quatre jours ; point du tout : il fallut bientôt remplacer le cérat des premiers pansements par l'eau-de-vie camphrée ; la plaie s'était élargie, avait acquis des bords assez élevés, enfin présentait tous les caractères de l'ulcère simple. Elle resta près d'un mois et demi à se fermer, malgré des pansements appropriés à sa nature et appliqués avec régularité.

Il y a de grandes probabilités que les auteurs qui citent l'abcès comme début de l'ulcère simple, ont observé des cas analogues.

On a parlé aussi d'une matière noirâtre qui se trouverait au-dessous de l'épiderme, qui forme les phlyctènes, et dans l'intérieur de celles-ci. Nous n'avons jamais eu l'occasion de l'observer. Quand nous avons vu l'ulcère simple noir à l'endroit de la plaie, cela a toujours été quand l'étal local ou général du sujet était lui-même assez mauvais pour compliquer l'ulcère de gangrène. Il n'y a rien là de semblable à ce qui se passe dans l'ulcère scrofuleux, où la couleur noire existe souvent et est produite par le sang qui s'épanche au-dessous des décollements cutanés.

Nous devons parler encore d'un autre phénomène local, avant de passer aux symptômes généraux, qui ne sont pas plus à négliger que ceux qui font en ce moment le sujet de notre étude. Pendant que la rougeur se développe sur la jambe malade, la chaleur s'élève ; nous l'avons vue à 37°,5, tandis qu'elle était sur l'autre membre à 33°. C'était au moment de la formation des phlyctènes, chez un homme d'un tempérament lymphatico-sanguin. Plus tard et après l'excision de l'épiderme qu'elles avaient soulevé, deux jours après l'évacuation du pus, nous avons encore reconnu une élévation de température plus grande sur la jambe malade que sur la jambe du côté sain. Le thermomètre étant appliqué, comme précédemment, dans le creux poplité, la jambe gauche du sujet, auparavant très-tuméfiée, étant revenue à son volume normal, et la rougeur ayant aussi bien diminué, nous avons obtenu sur le même malade les résultats suivants, en faisant chaque jour, à peu près à la même heure, une mensuration de température :

L.... (Hospice public d'aliénés de Montpellier.)

	TEMPÉRATURE EN CENTIGRADES.	
Jours du mois.	Jambe gauche (affectée).	Jambe droite (saine).
16 février 1868...	35°,5	35°
17 — — ...	35, 5	35
18 — — ...	35	35
19 — — ...	35, 5	35

On peut voir, par le tableau qui précède, que la jambe malade est plus chaude que l'autre à cette période de la maladie, bien que nous n'ayons pas mis dans ces mesures toute la rigueur nécessaire, faute d'instruments convenables. Ainsi, un thermomètre à tube très-long et très-capillaire, donnant des divisions de degrés très-espacées, eût été celui qu'il nous eût fallu, au lieu du thermomètre à mercure ordinaire que nous avons employé.

Mais le simple toucher permet souvent de s'assurer de la différence de température qui existe entre les deux membres, à la période précédente, quand les phlyctènes commencent à se former ou viennent d'être percées.

Les signes généraux qu'on observe en même temps que le gonflement et la rougeur des parties, sont, au début, cette sensation de pesanteur dont nous avons parlé, à laquelle succède une sensation de chaleur et une sensation douloureuse quand la couleur de la jambe malade se fonce davantage. Enfin, tous les symptômes généraux de l'ulcère simple, pendant ses débuts jusques à la sortie du pus qui se forme dans les phlyctènes, ou jusqu'à une époque plus ou moins grande après son évacuation, sont des symptômes inflammatoires. La partie affectée est de plus très-douloureuse à cette époque, et peut-être le membre malade est-il plus sensible que celui du côté opposé.

C'est du moins ce que nous donnaient à penser quelques expériences incomplètes que nous avons faites pour nous en assurer, et que nous ne donnerons pas pour ce motif.

Cette première période du développement de l'ul-

cère simple a fourni à Vidal (de Cassis) sa classe d'ulcères simples inflammatoires. On peut voir, d'après
ce qui précède, que tout ulcère simple qui se développe spontanément, débute par là.

Mais une fois le pus évacué, les symptômes inflammatoires s'effacent de plus en plus, quoique le temps
qu'ils mettent à le faire et la rapidité avec laquelle
cela s'effectue, soient difficiles à préciser. Nous avons
observé, en effet, un bon nombre de malades où les
symptômes inflammatoires baissaient un jour ou deux,
au plus tard, après l'ouverture des phlyctènes du
début. Chez d'autres, au contraire, ils persistent
plus longtemps. Nous les avons vus cependant, mais
dans des cas très-rares, car on les combattait par des
médicaments, subsister au-delà de sept ou huit jours.
L'ulcère rentre ensuite dans une période nouvelle.
Son fond, rouge ou blanchâtre dans les premiers
temps, et assez propre ou couvert seulement par le
pus qui s'en écoule, quoi qu'en disent quelques
auteurs qui l'ont vu noir ou gris foncé, se rapproche
davantage de cette dernière couleur dans la période
que nous étudions. Son aspect le plus ordinaire est
celui d'un gris cendré tirant sur le brun. Il est plus
ou moins parsemé d'inégalités. La quantité de pus
qu'il émet est très-variable, toutes circonstance égales
d'ailleurs, selon l'état du sujet. On voit des hommes
qui, ayant la même constitution, le même âge et le
même tempérament que d'autres, voient leurs plaies

3

ulcéreuses sécréter des quantités considérables de pus, tandis que les ulcères d'autres sujets sont presque secs. Ce pus est de la couleur du fond de l'ulcère, opaque et beaucoup plus épais que celui qui se trouve, au début, dans les phlyctènes qui ont été la source de la maladie. Il peut présenter, au reste, tous les degrés de fluidité.

La plaie, d'irrégulière qu'elle était d'abord, tend à se régulariser, et, de superficielle, à se creuser davantage. Elle se rapproche la plupart du temps de la forme ovalaire. La rougeur qui l'entoure encore dans la majorité des cas, est, dans toute son étendue, presque toujours à cette époque couverte de plaques épidermiques, dont les plus grandes environnent les bords de la plaie et s'avancent même au-dessus d'eux. Ces bords eux-mêmes cessent d'être de niveau avec le fond et deviennent plus ou moins épais. Ils se creusent parfois à leur base, et laissent ce fond s'étendre au-dessous d'eux, sur tout le pourtour de l'ulcère. Ils sont ainsi libres dans une plus ou moins grande étendue, mais restent toujours parallèles au fond de la plaie. Nous n'avons rencontré qu'un cas (le n° 11 de la salle des payants à l'hôpital Saint-Éloi) où ils se renversaient légèrement en dehors, et encore ce malade était-il dans des conditions toutes particulières. Dans la même période de la maladie, si la plaie est peu étendue et si les exigences de la cause interne sont pour ainsi dire épuisées, la surface de l'ulcère va en diminuant de plus en plus, jusques à disparaître complètement par l'effet de la cicatrisation. D'autres fois, au contraire, l'ulcère s'étend davantage, sécrète du pus en quantité toujours croissante, peut envahir le pourtour d'un membre sur une assez grande largeur, et entraîner à sa suite la gangrène des parties sous-jacentes ou de celles dont il intercepte les matériaux de nutrition. Il peut se produire aussi des hémorrhagies graves, dues à la rupture des vaisseaux compris dans l'intérieur de la plaie. Mais ces cas où l'ulcère simple prend l'aspect phagédénique sont extrêmement peu fréquents, et la plupart du temps la plaie ulcéreuse, tout en s'accroissant dans certaines proportions, reste cependant bornée à une partie assez limitée du membre malade.

Bien que les caractères de l'ulcère simple à cette période soient toujours les mêmes, ils peuvent être plus ou moins prononcés dans telle ou telle autre de leurs manifestations, et donner par là un aspect particulier à la plaie.

C'est à cet aspect que beaucoup d'auteurs attachaient autrefois trop d'importance et étaient conduits par là à former des subdivisions dans l'affection, identique à elle-même, de l'ulcère simple. Parmi les principales de ces modifications qui ont fait croire à des maladies diverses, à des espèces d'ulcères distinctes, se trouvent en première ligne : l'atonie, la callosité, la fongosité, et les modifications

dues à la présence de varices. On pourrait y ajouter
aussi l'apparition de vers à la surface de l'ulcère, fait
qu'il ne nous a pas été possible d'observer, mais qui
est souvent cité dans les auteurs ; et l'aspect saignant
de la plaie, dû le plus souvent à une absence totale
de la sécrétion du pus et à un tiraillement ou à la
rupture, par les pièces de pansement, des vaisseaux
qui se rencontrent à la surface des parties malades.
On peut encore, dans cette période de l'ulcère, comme
dans la précédente, tenir compte des modifications
qui lui sont apportées par toutes les autres maladies
locales intercurrentes qui peuvent modifier son développement.

L'atonie est l'état habituel de l'ulcère quand le pus
a été évacué, et que, tous les phénomènes inflammatoires ayant disparu, la plaie cesse de s'étendre,
de se creuser, et s'avance vers la cicatrisation, quoique
avec une grande lenteur. Ce n'est pas, comme on a pu
le voir, une complication, mais plutôt une période de
l'évolution de la maladie. On observe d'ordinaire cet
état sur l'ulcère qui va guérir, après que les autres
manifestations ont eu lieu. Il est remarquable par
l'insensibilité presque complète de la plaie et des parties voisines ; et c'est à cette époque que le membre
malade a une des plus basses températures qu'il puisse
atteindre, bien que la nutrition semble cependant s'y
faire mieux que dans les modifications produites par
les callosités, et surtout le phagédénisme.

C'est ordinairement sur des ulcères dont les symptômes inflammatoires ont cessé depuis longtemps, que se présentent les callosités. Ici, la sécrétion du pus s'est considérablement ralentie ou est même supprimée tout à fait. La plaie peut être grise ou rougeâtre ; c'est en palpant ses bords ou son fond avec l'index, qu'on s'aperçoit aisément qu'ils sont très-indurés. La peau est tendue à leur niveau, ce qui donne souvent à la surface de l'ulcère et aux environs un aspect brillant, comme celui des parties fortement œdématiées. La sensibilité est très-affaiblie sur la plaie et autour d'elle, et son fond ne fait éprouver aucune douleur au malade. Quelquefois l'induration du fond et des bords de la plaie ne se borne pas là ; *elle envahit successivement une plus grande étendue du membre et quelquefois le membre tout entier, en lui donnant l'aspect de l'éléphantiasis*[1].

Boyer a, le premier, découvert, à notre avis, la véritable cause de la callosité, quand il l'attribue à l'exercice et à tout ce qui peut donner lieu à une inflammation des environs de l'ulcère. La chronicité de l'inflammation est pour nous un élément essentiel. Deux malades qui avaient les bords et le fond d'un ulcère dont ils étaient porteurs, fortement indurés pendant qu'ils se tenaient debout ou allaient promener

---

[1] Pallenc; Thèse déjà citée, où se trouve une observation à l'appui.

à la campagne, virent cette induration disparaître quand ils gardèrent le repos ou même le lit. L'époque où la callosité se présente est excessivement variable. Tantôt c'est d'assez bonne heure après la cessation des phénomènes inflammatoires du début. On cite des sujets, au contraire, chez qui elle s'est montrée un mois ou un mois et demi après l'apparition de l'ulcère. Nous l'avons vue une fois se présenter à une époque plus éloignée, chez un malade qui occupait le n° 1 de la salle Saint-Éloi (hôpital Saint-Éloi), au commencement des vacances de l'année scolaire 1867–1868, dans le service de M. le professeur Courty. Ordinairement cette modification de l'ulcère simple ne persiste pas et a toujours disparu quand la plaie commence à se cicatriser.

Les fongosités qui peuvent compliquer l'ulcère sont dues à un bourgeonnement exagéré du fond ou des bords de la plaie. Elles affectent les formes les plus irrégulières et atteignent quelquefois des dimensions assez considérables. Le pus ne s'en forme pas moins dans leurs intervalles. On dirait, dans ce cas, que c'est pour faciliter seulement son évacuation que l'ulcère existe, et que l'économie, tout en rejetant ce corps étranger de son sein, fournit néanmoins la quantité de matériaux suffisante, si ce n'est même trop considérable, à la nutrition de ses tissus. Les fongosités sont une complication de peu d'im-

portance et dont le chirurgien vient très-facilement
à bout. C'est ordinairement peu après l'ouverture
des phlyctènes et quand la plaie date encore de peu
de temps, qu'elles se montrent. Elles semblent se lier
aussi à la formation du pus, et ne se présentent
jamais quand la plaie est calleuse ou atonique.

Les varices peuvent encore, par leur présence,
donner un aspect différent à la solution de continuité produite par l'ulcère. Sans compter que, dans la
période inflammatoire de cette dernière maladie,
une complication de varices peut avoir des suites
graves, elles changent aussi considérablement, par
leur couleur, leur forme et les hémorrhagies auxquelles elles exposent, la nature de la plaie ulcéreuse pendant sa seconde période. Elles dessinent en
effet des taches bleuâtres, au milieu du rouge vio-
lacé qui l'environne, et qui peuvent s'étendre jusque
sur ses bords. Elles nuisent à la régularité du membre
qui en est affecté, par la saillie qu'elles forment à la
surface des téguments. Enfin, si elles s'avancent
dans la plaie, il arrive assez souvent que pendant
des exercices de la part du malade ou même pendant
les pansements, elles s'ouvrent et laissent échapper
une quantité plus ou moins considérable de sang.
Leur présence apporte aussi des troubles à la circulation du membre affecté, ce qui ne paraît pas favorable pour hâter sa guérison. La rougeur et la tumé-

faction des parties malades persistent plus longtemps
chez les sujets atteints de varices, et cette dernière
notamment peut atteindre des proportions aussi
grandes que celles que nous avons vues chez des
ulcéreux où la callosité avait fait des progrès considérables.

En résumé, ce qu'on peut observer dans la seconde
période de l'ulcère simple, c'est d'abord la cessation
progressive des phénomènes inflammatoires, dont
la durée après l'ouverture des phlyctènes n'a pas
de limites bien précises, mais que nous avons rarement vus persister plus de huit jours, et qui ont très-
souvent disparu dans quarante-huit ou cinquante
heures, trois jours au plus tard. Mais les manifestations de l'ulcère simple ne s'arrêtent pas là, et une
fois l'inflammation tout à fait disparue du membre
affecté, la vitalité elle-même de ce dernier est at-
teinte. Sa température devient plus basse que celle
du membre du côté sain. Nous nous en sommes
convaincu à plusieurs reprises, et notamment sur un
des malades qui font le sujet de l'une de nos observations, dont l'ulcère était franchement dans
la période atonique. Voici les résultats thermomé-
triques, à l'époque où existe déjà depuis plusieurs
mois une plaie complètement stationnaire à la partie
inférieure et interne de la jambe.

C... Observation IV (Hospice public d'aliénés de Montpellier).

| Jours du mois. | TÉMPÉRATURE. | |
	Jambe gauche (malade).	Jambe droite (saine).
16 février 1868 ...	33°	33°,5
17 — — ...	30, 5	32
18 — — ...	33	33, 25
19 — — ...	33	34
20 — — ...	33	33, 5
21 — — ...	32, 5	33
22 — — ...	33	33

Comme on peut s'en assurer à la seule inspection de ce tableau, qui contient des mensurations de température prises avec soin, et en y consacrant tout le temps nécessaire à cette sorte d'observations, la température du membre qui porte l'ulcère est toujours un peu plus basse que celle du membre sain. La différence est la plupart du temps, dans le tableau qui précède, plus petite qu'un degré. Toutefois on voit que l'observation prise le 19 février donne un degré de moins pour le membre malade, et que celle du 17 du même mois donne 1°,5. Le sujet que nous donnons comme exemple est, à la vérité, un de ceux où nous avons obtenu les différences de température les plus tranchées ; mais elles ne se sont pas moins présentées toujours sur les autres que nous avons étudiés, bien que beaucoup moins considérables. (L..., OBS. VI, etc. Hospice public d'aliénés.)

Quelquefois même il nous a semblé reconnaître une plus basse température dans le membre malade que dans l'autre, par le seul toucher. Ceci néanmoins ne mérite pas d'être pris en grande considération, car nous avons été dans ce moment-là dépourvu d'instruments pour vérifier la justesse des indications fournies par nos sens.

On s'est aperçu aussi depuis longtemps que la sensibilité du membre malade, qui n'avait pas changé ou s'était même peut-être accrue dans la période précédente, diminuait de beaucoup dans celle-ci. Il n'y a, pour s'en rendre compte, qu'à presser les deux membres entre les doigts avec une égale force. Le malade accusera souvent, malgré l'existence de la plaie, plutôt de la douleur dans le membre sain que dans l'autre. Si on touche aussi avec un corps léger, une plume par exemple, les deux membres du sujet en observation, on verra aisément que le malade éprouve du côté sain une sensation de chatouillement très-marquée alors qu'elle n'existe pas du côté opposé. Ce qui montre surtout d'une manière évidente la perte de sensibilité du côté malade, ce sont encore les cautérisations au nitrate d'argent, au fer rouge même, qui peuvent avoir lieu à la surface de l'ulcère simple, dans la période dont nous nous occupons, ou sur ses bords, sans que le malade en soit nullement incommodé. Mais dans les cas qui précèdent, c'est seulement pour la sensation de douleur que l'expérience a lieu. Nous avons voulu nous assurer, sur un sujet entré le 17 février 1868 à l'hôpital Saint-Éloi (M...., n° 59 salle Saint-Éloi), et portant depuis le mois d'août de l'année précédente une plaie ulcéreuse assez étendue à la partie interne de la jambe gauche, si ce qui a lieu pour les sensations douloureuses avait aussi lieu pour les simples sensations de contact. Nous avons répété à cet effet, sur des points homologues du membre affecté et du membre sain, les expériences de Weber, pour juger de la délicatesse du toucher dans les diverses parties du corps. Nous avons porté successivement sur l'une et l'autre jambe du malade les pointes d'un compas, que nous écartions successivement de très-faibles quantités, jusqu'à ce que la sensation unique produite par les deux pointes de compas rapprochées fût remplacée par une sensation nette de double contact. Voici les résultats qu'il nous a été permis d'obtenir, grâce à la complaisance toute particulière du malade, qui nous donne toute assurance de nous être approché autant que possible de la vérité.

Le tableau suivant renferme les distances auxquelles il a fallu écarter les pointes du compas pour produire la sensation de double contact sur l'une et l'autre jambe :

Observations prises le 18 février 1868.

	J. droite (saine).	J. gauche (malade).
	mèt.	mèt.
1re observation....	0,005	0,011
2e —	0,007	0,0125
3e —	0,007	0,014
4e —	0,0095	0,014
5e —	0,011	0,015
6e —	0,009	0,014
7e —	0,011	0,014
8e —	0,015	0,0155
9e —	0,014	0,0155
10e —	0,012	0,015
11e —	0,015	0,015

Les résultats du tableau précédent disent assez ce qu'on doit penser de la sensibilité de la jambe depuis le bord inférieur de la rotule jusqu'au cou-de-pied, dans la période de l'ulcère simple qui nous occupe en ce moment.

Il y a plusieurs causes auxquelles on peut rationnellement attribuer la perte de sensibilité du membre malade.

La première, et souvent l'une des plus considérables, est la formation de larges plaques épidermiques qui peuvent atteindre plusieurs millimètres d'épaisseur, et qui voilent complètement les sensations de faible contact, ce qui n'a pas lieu du côté sain. Ce dernier est muni, en effet, d'un épiderme ordi-

naire, qui par sa faible épaisseur modifie sa forme
avec la plus grande facilité, et transmet aux papilles
du derme l'impression des corps voisins.

La débilité et l'atonie des tissus peuvent aussi être
invoquées avec avantage pour expliquer la perte de
sensibilité qui se rencontre sur le membre atteint d'un
ulcère. Tout le monde sait, en effet, surtout depuis
la brillante exposition de ces phénomènes qu'a donnée, dans son cours, M. le professeur Rouget, que le
rálentissement de la circulation dans les capillaires,
et l'appauvrissement même du sang qui circule dans
ces capillaires, produisent un amoindrissement très-
marqué de la sensibilité dans les extrémités périphé-
riques des nerfs sensitifs, auxquels ces vaisseaux
fournissent des matériaux de nutrition. Comment se
défendre d'appliquer cette théorie au membre affecté d'ulcère simple, où la circulation est très-ralen-
tie ou même presque complètement éteinte, ainsi
que l'avaient observé Lisfranc et Vidal (de Cassis),
mais en donnant une trop grande portée à leurs observations ?

L'occlusion de la plaie de l'ulcère simple a lieu,
d'ordinaire, comme par le rapprochement de ses
bords. Son fond diminue peu à peu de surface, tout
en conservant quelquefois sensiblement la même
profondeur que lorsqu'il avait atteint sa plus grande
étendue. La plaie, une fois fermée, ne laisse pas d'ordinaire de cicatrices proportionnées aux dimensions

qu'elle avait possédées auparavant. Ainsi, il y a des
ulcères qui tenaient près de 1 décimètre carré de
surface à la partie antérieure de la jambe, et dont
la cicatrice se borne à quelques centimètres carrés.
Elle est un peu plus blanche que les parties voisines,
et de niveau avec elles. Mais cela n'a pas lieu toujours ainsi, et quelquefois les traces de la plaie
formée par l'ulcère simple sont plus considérables.
C'est ce que nous avons observé sur la plaie de la
partie postérieure de la jambe de P...., dont l'observation est annexée à ce mémoire (obs. III), où une
cicatrice infundibuliforme de plus de 6 centimètres
carrés d'étendue, et d'une profondeur de plus de 1
centimètre, remplace la plaie auparavant existante.
Mais ce cas est exceptionnel, et la plupart du temps
la cicatrice de l'ulcère, au lieu d'être moins élevée
que les parties voisines, l'est au contraire davantage.

MARCHE.

Il est très-important de se rendre un compte
exact de la marche générale de l'ulcère qui se développe spontanément, afin de reconnaître à quelle
époque de leur évolution se trouvent ceux qui peuvent
se présenter au médecin. Pour cela, il est nécessaire
de subdiviser la marche de l'ulcère simple, comme
cela ressort de l'exposition de ses symptômes, en

deux périodes bien tranchées. La première, comme dans bon nombre de maladies, est une période inflammatoire. Il y a augmentation de la chaleur, de la sensiblité douloureuse, douleur, tuméfaction, etc. La seconde est, au contraire, une période qu'on peut appeler anti-inflammatoire ou atonique. Elle est caractérisée par un affaiblissement des symptômes de la première période, et par une diminution de la vitalité des parties. Ces deux périodes sont les seules qui influent radicalement sur la marche à suivre dans le traitement de l'ulcère simple.

Pour embrasser d'un coup d'œil la marche de la température dans le membre affecté, on n'a qu'à suivre une méthode analogue à celle qu'on suit dans les traités de chimie pour la solubilité des sels. Au moyen d'un système d'abscisses et d'ordonnées, on peut former des courbes qui représentent exactement sur le papier l'élévation ou l'abaissement de la température du membre affecté pendant la durée de l'ulcère. Le même procédé peut servir à former des courbes de la sensibilité du membre, et aussi à embrasser d'un coup d'œil les augmentations et diminutions successives de la surface de la plaie. Les trois courbes que nous joignons à notre Mémoire ont été construites en nous basant sur des observations de température, de sensibilité et de surfaces de plaies, sans tenir compte de la profondeur de ces dernières, et prises sur différents sujets.

Nous avons réuni les chiffres résultant des observations de même espèce, et cherché ensuite la moyenne, qui nous a seule servi à trace ces courbes ; elles peuvent donc donner une idée assez juste de ce qu'on obtient par leur emploi.

On voit que les courbes de la température et de la sensibilité, d'abord plus élevées que du côté sain, baissent ensuite davantage du côté malade. Pour la courbe de la surface de la plaie, il ne peut en être ainsi, elle est toujours au-dessus de 0, la ligne horizontale qui représente l'état du membre bien portant.

Nous devons répéter encore ici que les diverses modifications qui peuvent être apportées à la marche de l'ulcère simple qui se développe spontanément, sont dues à des causes qui lui sont étrangères, et nullement en rapport avec celles qui s'y rattachent intimement.

ANATOMIE PATHOLOGIQUE.

L'anatomie microscopique de l'ulcère simple et de l'ulcération en général, est une lacune à combler [1]. On ne trouve rien de satisfaisant à ce sujet

---

[1] Nous ne connaissions pas encore, au moment où nous avons composé ce mémoire, le récent ouvrage de Bilroth : *Éléments de pathologie chirurgicale générale* (traduction française des docteurs

dans les ouvrages modernes. Nous dirons seulement
que l'ulcère, dans sa période de début, offre les mêmes problèmes à résoudre que la formation du
pus dans toutes les autres parties de l'économie.
C'est faire sentir la difficulté de son étude. Les globules sanguins qui circulent dans les capillaires du

L. Culmann et Sengel, 1868), où se trouvent plusieurs détails fort
intéressants sur le développement et l'anatomie pathologique de
l'ulcère simple ; nous regrettons de ne pouvoir faire ici longuement
l'analyse de tout ce qui, dans cet ouvrage, a rapport à la maladie
qui nous occupe. On peut y voir, en premier lieu, que l'ulcère est
attribué par cet auteur à un *processus* inflammatoire chronique.
Nous avons déjà émis notre opinion à ce sujet. On peut y reconnaître
aussi que la plaie de l'ulcère se forme lentement et petit à petit ;
que l'épiderme s'enlève d'abord sur une faible étendue et met à
nu la couche muqueuse de Malpighi. C'est là un mode de formation de l'ulcère simple qu'il ne nous a jamais été possible d'observer.
Tous ceux que nous avons vus ont débuté comme le *catarrhal* de
Bilroth. Un reproche que nous ferons encore à cet ouvrage, mais
qui s'adresse plus particulièrement aux traducteurs, c'est de ne pas
admettre le nom d'*ulcère simple*, qui est consacré dans la science,
et d'aller chercher celui d'*ulcère ouvert de la peau*, qui peut être
connu depuis longtemps en Allemagne, mais ne l'était pas en France
avant eux. On trouvera cependant dans ce livre bien des idées
émises sur l'ulcère en harmonie avec les nôtres, et des détails fort
intéressants sur la nature et le traitement des formes calleuse et
fongueuse, ainsi que de la complication variqueuse de cette maladie.
Qu'il nous suffise de mentionner à ce propos les bains et les lotions
d'eau chaudes, préconisés par Zeis pour la cure de l'ulcère calleux,
ainsi que l'excitation de ces sortes d'ulcères par le fer chaud et la
pommade stibiée. Nous renvoyons le lecteur à l'ouvrage même de
Bilroth pour de plus amples détails.

4

lieu où l'ulcère doit se développer, se transforment-ils en globules purulents, ou bien une membrane préside-t-elle à la formation de ces derniers globules ? On l'ignore [1].

La grosse anatomie de l'ulcère simple, bien que plus facile à faire, a peu préoccupé les auteurs, qui gardent, à l'envi, le silence à son égard. Il est cependant facile de voir sur une plaie ulcéreuse qui date d'un temps un peu long, l'épiderme environnant considérablement hypertrophié, formant des plaques plus ou moins larges et plus ou moins épaisses, qui s'étendent en rayonnant autour de la plaie, et dont les plus grandes s'avancent jusque sur ses bords. Les papilles du derme sont ensuite érodées au niveau de la solution de continuité, et cette érosion peut embrasser même le derme tout entier et le tissu cellulaire sous-cutané. Elle respecte davantage les muscles, que nous avons très-rarement et peut-être jamais vus attaqués par elle, ainsi que le tissu osseux.

---

[1] L'opinion qui semble prendre le plus de consistance de nos jours, ne serait ni l'une ni l'autre de ces deux, et ce serait plutôt par une dégénérescence des éléments des tissus sous-jacents ou de leurs noyaux nutritifs, que le pus prendrait naissance. Tous ceux qui ont suivi le cours de M. le professeur Rouget doivent se rappeler l'explication très-satisfaisante qu'il a donnée de la formation du pus, au commencement même de l'année où nous venons d'entrer (1868-1869); qu'il nous suffise de raviver leurs souvenirs.

DIAGNOSTIC.

Pour être certain de la nature d'une plaie qu'on soupçonne déjà être un ulcère simple, il faut voir d'abord si elle réunit autant que possible les caractères que nous avons énumérés à propos des symptômes. Il faut avoir aussi présentes à l'esprit les deux périodes que nous avons établies dans la marche de la maladie, et les modifications qui peuvent y être apportées par des causes extérieures ou par d'autres maladies intercurrentes. Les questions adressées au malade sur les antécédents sont aussi d'une grande utilité. S'il vous apprend que la plaie qu'il porte actuellement s'est développée d'autres fois, accompagnée de phénomènes semblables, et la plupart du temps après une fatigue causée par la station debout, c'est une présomption de plus. Les cicatrices existantes autour des malléoles du membre inférieur, et préférablement à la jambe gauche, ont aussi une assez grande utilité pour établir le diagnostic. Enfin, il faut s'assurer si la plaie en observation n'est pas liée à une affection générale quelconque : scrofule, syphilis, etc.

Nous n'entrerons pas dans de longs détails où nous entraînerait un diagnostic différentiel de l'ulcère simple avec les ulcérations produites par ces diverses maladies, et qui ne serait d'aucune utilité dans la pratique, vu qu'on ne les confond jamais avec lui, si on tient compte des caractères que nous lui avons déjà assignés.

PRONOSTIC.

Le pronostic de l'ulcère simple n'a pas une grande gravité, du moins par la plaie localisée, qui est la plus apparente de ses manifestations. Cependant on cite des cas où cette plaie elle-même a occasionné de graves complications et est devenue la cause de la mort du sujet. Nous avons eu l'occasion de voir un malade dont l'observation se trouve annexée à ce mémoire, très-affaibli par un ulcère simple dont la suppuration était peu considérable. Nous avons reconnu un amaigrissement assez prononcé chez la plupart de ceux qu'il nous a été donné d'observer, et qui portaient une plaie ulcéreuse depuis assez longtemps. On conçoit que des symptômes semblables s'aggravent de plus en plus, à cause de mauvais soins donnés à la plaie, ou d'une malheureuse disposition du sujet qui s'oppose à la cicatrisation, et que ce dernier puisse succomber à des accidents dont l'ulcère aura été le point de départ. L'ulcère simple est d'ailleurs par lui-même, quoique peu douloureux, une maladie dégoûtante, nécessitant des pansements bien appliqués, et abrégeant sensiblement la vie des individus qui en sont porteurs, par l'absorption fort lente, il est vrai, du pus à la surface de la plaie, et les ennuis qu'il leur cause.

De plus, si la guérison de la plaie produite par l'ulcère simple arrive souvent, le pronostic est bien plus grave du côté de la récidive. Sa fréquence, toutes circonstances égales d'ailleurs, sera d'autant plus grande que l'ulcère est plus ancien et a déjà ápparu en plus grand nombre de fois; que la surface de la solution de continuité sera plus étendue, le sujet plus âgé et d'une constitution qui le prédispose le plus à contracter une maladie semblable. L'étendue de la surface ulcérée et celle de la rougeur qui entoure presque toujours la plaie, influent aussi sur le pronostic, mais d'une manière très-faible. On voit quelquefois de larges ulcérations s'étendant sur presque tout le pourtour d'un membre, cicatriser en peu de temps; tandis qu'au contraire des plaies d'une très-petite étendue se ferment très-difficilement, ce qui ne peut être attribué qu'à la cause interne qui a présidé à la formation de l'ulcère. C'est alors de cette cause qu'il faudrait se rendre compte. La profondeur du fond de la plaie et l'épaisseur de ses bords ne sont pas un gage plus sûr de la persistance d'un ulcère : nous en avons dernièrement observé un très-profond à l'Asile public d'aliénés, (B..., atteint de démence, jambe droite), qui a cicatrisé en quelques jours, tandis que l'ulcère d'un autre malade qui fait le sujet de l'une de nos observations (V..., OBS. II.) resta très-longtemps stationnaire, bien que très-superficiel. C'est ici encore que se montre principalement l'aptitude propre qu'a le sujet à voir cicatriser sa plaie, ou à la voir rester ouverte, au contraire, pendant longtemps. Toutefois, bien que l'inconnu dû à la constitution de l'individu porteur de l'ulcère soit bien grand, on conçoit que le médecin, par la connaissance de la durée des plaies qui peuvent s'être déjà présentées, par celle du pus qui peut s'être déjà écoulé de la plaie qui existe, ainsi que de son étendue, et du pus qui s'en écoule actuellement ; on conçoit, disons-nous, que le médecin puisse se faire une idée de la marche ultérieure de l'ulcère qu'il a sous les yeux.

TRAITEMENT.

Il découle naturellement des symptômes et des causes que nous avons assignées à l'ulcère simple, que le traitement de cette affection doit être en même temps général et local à la fois. Les moyens *généraux* de guérison de l'ulcère simple peuvent agir en même temps que les moyens locaux, et doivent même se continuer dans quelques cas, alors que la plaie ulcéreuse n'existe plus, pour prévenir sa réapparition.

Les principaux sont : le repos, qui doit, dit-on, autant que possible avoir lieu le malade étant couché et les membres inférieurs plus élevés que le reste du corps. Nous n'avons jamais vu adopter cette dernière position, tant vantée par quelques auteurs, et qui est fatigante pour le malade, sans que les plaies ulcéreuses en observation aient guéri pour cela dans un plus long espace de temps. Au repos se joignent encore, comme agissant sur la cause interne qui produit l'ulcère, l'usage des toniques, d'une bonne alimentation si le malade est débilité, du fer et ses composés s'il présente des symptômes d'appauvrissement du sang. On doit aussi, par tous les moyens possibles, combattre les autres maladies qui entretiendraient la faiblesse du sujet et qui par là nuiraient à la rapidité de la guérison. Nous ne nous arrêterons pas à la longue énumération des moyens à employer dans ces circonstances. Les bains sont quelquefois indiqués ; nous les avons vu employer avec succès par M. le professeur Bouisson, à l'hôpital Saint-Éloi, pour un homme qui fait le sujet d'une de nos observations, dans un cas d'ulcère simple compliqué de varices (P..., obs. iii [1]).

---

[1] Nous ferons observer qu'à propos du malade en question, un œdème peu prononcé qui siégeait sur la jambe affectée, mais avait peu attiré notre attention, fut considéré par M. le professeur Bouisson, alors de service à l'hôpital Saint-Éloi, comme une cause et une complication de l'ulcère que nous avons appelé *variqueux*. Aussi,

La meilleure des médications générales auxquelles on doive recourir, et qui est si utile dans tant de maladies, l'est incontestablement aussi dans l'ulcère simple. C'est l'hygiène dans ce qu'elle a de plus large. Seulement, dans l'affection qui nous occupe, il faut supprimer autant que possible les exercices qui exigent la station debout prolongée, comme les promenades fréquentes, qui peuvent être au contraire si souvent indiquées dans beaucoup d'autres affections chroniques.

Si, dans la première période, il y a de la fièvre, ce qui peut fort bien arriver quand les phlyctènes occupent de larges surfaces et que la sécrétion du pus a lieu dans de grandes proportions, on doit la combattre par les moyens appropriés.

C'est aux médecins arabes et ensuite à notre grand Ambroise Paré que revient la gloire d'avoir, pour la première fois, attribué la formation de l'ulcère simple à une cause interne. Le passage où ce dernier dit

à la fin du trimestre pendant lequel nous avions pris cette observation et en la remettant à l'approbation de ce professeur, comme c'est d'usage dans les hôpitaux de Montpellier pour obtenir un certificat de stage, M. Bouisson effaça-t-il notre titre d'ulcère variqueux pour le remplacer par celui d'ulcère *œdémateux*. Bien que nous ayons déjà dit ce qu'il fallait penser des diverses dénominations qu'on a données et qu'on peut donner à l'ulcère simple, selon ses complications, nous n'avons pas cru devoir passer sous silence l'opinion d'un chirurgien aussi distingué que M. Bouisson.

que « l'ordre de curation de l'ulcère se doit commencer aux choses universelles, ayant égard à l'habitude de tout le corps », a été cité souvent. C'est depuis cette époque que le repos a été reconnu comme très-favorable à la guérison de cette maladie. La position que doit garder le membre affecté, pendant le décubitus, est encore controversée. Nous serions, comme on a déjà pu le présumer, beaucoup plus porté à admettre que les jambes du malade conservent dans le lit leur position habituelle, que d'être élevées au-dessus du niveau du reste du corps et de la tête en particulier.

Après ce coup d'œil rapide jeté sur ce qui a rapport au traitement général de l'ulcère simple, il nous reste à nous occuper du *traitement local*. C'est ici peut-être que la science a fait le plus de progrès, sans qu'on en ait tiré tout le parti possible. Il n'y a pas de traitement local qui puisse, en effet, être employé à toutes les périodes de la marche de l'ulcère simple. Il est absolument nécessaire, dans cette partie du traitement, de tenir compte des deux grandes périodes dont nous avons donné les principaux caractères. Les topiques ou les procédés de pansement qui peuvent guérir l'ulcère simple qui se trouve entré dans l'une d'elles, sont déplacés ou même nuisibles dans l'autre. Nous allons décrire d'abord les moyens médicamenteux ou chirurgicaux à employer dans la première ; nous passerons ensuite à la description de ceux qui sont utiles dans la seconde, en tenant compte aussi des variétés que cette dernière présente, et qui exigent une médication spéciale.

Tout à fait au début de l'ulcère simple, quand il ne s'est pas encore formé de plaie, mais qu'une faible rougeur, suivie d'une légère tuméfaction, siége déjà sur une des jambes du malade, on pourra, si l'on est assez sûr, par les antécédents et les autres informations prises, de la maladie qui va se déclarer, et en même temps si on le juge convenable, retarder l'apparition de la plaie locale, en prescrivant le repos au lit, les toniques, l'hygiène, ou autre médication en rapport avec l'affection qu'on croira favoriser le plus le développement de l'ulcère. Mais il sera souvent aussi nécessaire de traiter la rougeur inflammatoire locale et la tuméfaction par les émollients et les antiphlogistiques [1]. C'est surtout quand les phénomènes inflammatoires sont très-prononcés et qu'on désespère de voir la maladie se résoudre sans suppuration, que ces derniers moyens sont de rigueur. Un large cataplasme de farine de

[1] Les sangsues et surtout la saignée générale sont rarement employées ; nous pensons qu'on ne devrait peut-être jamais s'en servir, car ordinairement l'état général du malade est une forte contre-indication ; cependant il peut se présenter de rares circonstances où quelques sangsues appliquées autour de la partie enflammée pourraient singulièrement aider à la résolution de l'ulcère dans la première période.

lin, embrassant une grande étendue de la jambe malade, et principalement les parties qui environnent la plaie, est ce qu'il y a de plus convenable dans ce cas. Le repos au lit doit aussi être continué pendant ce temps. On parle encore de l'emploi de l'eau froide en irrigation, aux environs de la plaie, comme pouvant donner de bons résultats ; nous n'avons jamais eu l'occasion de la voir employer. Nous ne pouvons, par conséquent, rien dire de ses effets. Un traitement semblable à celui dont nous venons de parler doit durer tout le temps qui précède l'apparition des phlyctènes, et se continuer même après l'excision de celles-ci, si le membre est douloureux, enfin tout le temps de la première période de l'ulcère simple, la période inflammatoire, dont la limite est l'époque où la température et la sensibilité du membre malade sont les mêmes que celles du membre du côté sain.

Ambroise Paré est le chirurgien qui a le mieux compris cette période de la marche de l'ulcère simple et qui l'a combattue avec le plus d'avantages. Il a, le premier, préconisé les antiphlogistiques pour lutter contre les progrès de la maladie à cette époque de son développement.

Une fois les phlyctènes ouvertes et leur contenu évacué, il faut ajouter à la médication précédente le pansement de la solution de continuité qu'elles laissent à découvert, au moyen de plumasseaux de charpie enduits légèrement de cérat sur une de

leurs faces, ou bien imbibés d'eau-de-vie camphrée,
comme nous l'avons vu pratiquer avec succès, surtout chez des aliénés, où toutes les fonctions sont
pour ainsi dire prostrées, à cause des désordres du
système nerveux, et où l'atonie complète de la plaie
est bien plus souvent à craindre qu'un surcroît d'inflammation. Chez les autres sujets qui s'en rappro-
chent, on peut se contenter de se servir de vin
aromatique, et on arrivera à des résultats semblables. Ce genre de pansement de la surface de la
plaie pourra se continuer aussi tout le temps de la
première période de l'ulcère simple, bien qu'on
applique autour d'elle des cataplasmes émollients,
à des époques plus ou moins éloignées. Ces derniers
devront être suspendus s'ils ramollissaient la surface
ulcéreuse et les bords de la plaie ; leur application
sera plus ou moins fréquente, selon l'intensité de l'inflammation.

Il y a des cas où la période inflammatoire de l'ulcère simple persiste longtemps ou se réveille, pour
ainsi dire, par une cause extérieure, alors que l'ulcère
avait paru devoir prendre plutôt un aspect atonique, à
cause de la grande quantité de pus qu'il avait émise.
C'est dans les cas d'ulcère les plus graves que cela se
présente. Chez un malade occupant en ce moment (27
février 1868) le n° 11 des payants, à l'hôpital Saint-
Éloi, et nommé B..., une petite plaie ulcéreuse qui
se trouvait à la partie antérieure et inférieure de la

jambe droite depuis cinq à six mois, avait acquis, dans l'espace d'environ quinze jours, une grande étendue, s'était compliquée de gangrène et présentait, le 20 février 1868, où le malade entrait à Saint-Éloi, un diamètre oblique de haut en bas et de dedans en dehors, d'un peu plus d'un décimètre; tandis que son diamètre transverse, perpendiculaire à celui-là, possédait une longueur de 7 centimètres. On doit, dans ces cas, traiter l'ulcère par des moyens appropriés à l'aspect de la plaie. Nous citerons comme très-convenable, dans ces circonstances, le pansement qui fut appliqué sur la plaie du malade que nous venons de citer, et prescrit par M. le professeur Bouisson : la plaie avait un fond sale et grisâtre, et était recouverte en partie par des eschares multiples résultant de la mortification des tissus. Les bords étaient élevés de plus d'un centimètre et légèrement renversés en dehors, de manière à lui donner, n'eussent été les renseignements pris sur son compte, l'aspect d'une plaie de nature cancéreuse. On détergea d'abord le fond et les bords de la solution de continuité avec des plumasseaux de charpie imbibés de vin aromatique. Un linge fenêtré, enduit de cérat, recouvrit ensuite les bords de la plaie, en passant comme un pont au-dessus d'elle, sans toucher à sa surface. Au-dessus de ce linge, on en disposa un second sur lequel on versa quelques gouttes d'acide phénique. Enfin, le tout fut assujéti au moyen d'une compresse et d'un bandage circulaire de la jambe.

Le chlorure de chaux, qui était employé générale-ment à son époque, au dire de Marjolin, dans les hôpitaux de Paris, pourrait rendre quelques services dans des circonstances analogues, et en s'en servant avec une certaine mesure.

Après la période inflammatoire de l'ulcère simple, nous avons vu qu'il rentrait dans une autre période, différant totalement de la première. La médication à employer doit différer aussi, si l'on veut obtenir sa prompte guérison. Elle changera encore, selon les diverses modifications que présente cette seconde partie de la marche de l'ulcère. Nous allons les pas-ser successivement en revue, dans l'ordre que nous avons adopté, et en assignant à chacune le traite-ment qui lui est propre.

ATONIE.

Ambroise Paré ne veut pas qu'on panse trop souvent les ulcères atoniques. C'est déjà une des opinions de ceux qui ont fait faire le plus de progrès au traitement de cette forme de l'ulcère simple, de mise en lumière [1]. Mais il faut en venir à Underwood,

---

[1] M. Velpeau a, de nos jours, exagéré l'idée d'Ambroise Paré quand il a conseillé pour la cure de l'ulcère un bandage inamovible.

Wathely et Baynton, pour trouver la description complète des modes de pansement qui sont les plus convenables dans ce cas. Roux fit connaître en France les procédés de ces illustres chirurgiens, dans un opuscule qui a pour titre : *Relation d'un voyage fait à Londres en 1814, ou parallèle de la chirurgie anglaise avec la chirurgie française.* Voici comment opérait Wathely, d'après Sam. Cooper. Il employait d'abord un cérat dont la composition suivante est prise dans l'excellent article de Marjolin, sur l'ulcère simple, du grand Dictionnaire de médecine en trente volumes :

Axung. porcin. depur lib. *iij.* empl. plumb. lib. *jss.* lapt calam. præp. ap. lib. *j.*

Ce cérat était étendu sur un linge de soie ou de la charpie, et appliqué sur la plaie. Au-dessus, on disposait une série de compresses faisant le tour

---

L'excès des bonnes choses est souvent, comme l'a dit avec esprit Vidal (de Cassis), pire que celui des mauvaises ; et l'ulcère simple, tout en ne demandant pas des pansements trop fréquents, d'après le procédé de Baynton, ne s'accommode guère, à notre avis, du traitement de M. Velpeau, qui est, au reste, peu usité dans la pratique. Nous ne comprenons pas, en effet, que l'eczéma ou l'inflammation érysipélateuse, qu'on a dit se développer à la suite du traitement de l'ulcère par la méthode du chirurgien anglais, se présente moins fréquemment quand le membre malade est entouré par un bandage qu'on ne renouvelle jamais, et qui laisse tout juste. par une ouverture pratiquée *ad hoc*, assez de latitude au chirurgien pour s'assurer de l'aspect de la plaie.

complet du membre, et sur ces dernières on appliquait un bandage spiral du pied et de la jambe, au moyen de bandes de flanelle qu'on serrait moyennement. Ce pansement qui, avec des modifications dans la composition du cérat employé, pourrait donner encore de bons résultats, n'est cependant plus en usage; car les bandes de flanelle, par leur facilité à se souiller de poussière et à se salir, ainsi que par leur prix plus élevé, annulent tous les avantages qu'elles présentent.

Les procédés d'Underwood et de Baynton sont plus économiques que le précédent. Voici comment ce dernier chirurgien guérit l'ulcère simple : il conseille d'abord de raser la partie sur laquelle le pansement doit être appliqué. Nous ajouterons qu'il est bon aussi de la laver avec de l'eau tiède, si elle est sale ou s'il s'y trouve du cérat, de la charpie ou d'autres restes des pansements précédents. On s'arme ensuite de bandelettes de diachylon dont la longueur fasse une fois et demie, à peu près, le tour du membre. Il convient de commencer à les appliquer à la partie supérieure ou inférieure de la plaie, selon que c'est en haut ou en bas que ses bords sont le plus élevés. On prend pour cela une des bandelettes dont on tourne la face, enduite d'emplâtre, vers le membre du malade, et dont on porte le milieu du côté directement opposé à celui où se trouve la plaie. Ramenant ensuite ses extrémités

sur un des bords de la solution de continuité, on les
entrecroise en tirant modérément sur elles, et on
les applique contre la jambe malade. Une seconde
bandelette se pose de la même manière et doit recouvrir la première dans un tiers de son étendue, si
la suppuration est très-faible ; elle doit s'en écarter
au contraire davantage, si la plaie suppure abon-
damment. Une troisième et une quatrième bandelette sont appliquées exactement de même, et on
continue à en appliquer ainsi jusqu'à ce qu'on ait
recouvert toute la plaie et qu'on l'ait dépassée
même d'une assez faible quantité. Un bandage roulé
avec ou sans compresses préalables maintient seul
les bandelettes en place ; quelquefois cependant,
quand la suppuration est abondante, il faut non-
seulement interposer une compresse entre les bandelettes de diachylon et le bandage, mais encore
une couche de charpie bien égalisée entre les bandelettes et la compresse. Cette dernière forme de
pansement, que nous avons faite souvent avec succès, n'était pas connue de Baynton.

Ce chirurgien conseillait, s'il se manifestait des
phénomènes inflammatoires par suite de l'application des bandelettes, de faire des irrigations avec de
l'eau froide sur le membre affecté. Il recommandait
aussi l'exercice à ses malades, comme capable d'ac-
célérer leur guérison. Nous sommes complètement
du même avis en ce qui concerne un exercice mo-

déré ; mais si cet exercice se bornait à la marche et devenait trop considérable, il aurait des inconvénients graves.

Le procédé de Baynton est encore le meilleur qu'on connaisse pour le pansement des ulcères atoniques, et a été appliqué aussi aux ulcères calleux. On obtient, par son moyen, la guérison de plaies depuis longtemps rebelles à toute autre espèce de traitement. On peut voir, par l'une de nos observations, tous les résultats qu'il peut fournir (V... OBS. II). Peu d'ulcères calleux et atoniques résistent à ce pansement bien appliqué et aidé du repos au lit. Il paraît agir par le rapprochement des bords de la plaie, et en remplissant, dans sa guérison, une partie du rôle que la nature donne au tissu inodulaire. Il nous semble donc, à ce point de vue, réaliser dans la pratique ce qu'indiquerait la théorie elle-même.

Cependant, on lui a fait plusieurs objections :

1° Il peut, dit-on, produire de l'eczéma chez certains malades à peau très-délicate. Nous n'avons jamais été témoin de ce fait, à cause de la rareté de l'ulcère simple chez la femme. Il serait du reste facile d'y remédier, en enduisant de cérat toutes les parties du membre malade où ne s'appliqueraient pas les extrémités terminales des bandelettes.

2° On a cru dangereux de mettre des plaies à grande surface en contact avec des composés de plomb, de crainte d'intoxication. Vu la faible quan-

tité de plomb qui se trouve dans l'emplâtre de diachylon et le peu d'absorption de la plaie à cette
période, ces craintes ne sont que peu motivées.

3° On a reproché aux bandelettes de sparadrap de
produire des excoriations. Baynton veut, dans le but
de les prévenir, qu'on place au-dessous des bandelettes des morceaux de cuir très-doux et très-minces.

4° Enfin, on a objecté encore à ces mêmes bandelettes de diachylon de comprimer non-seulement
les bords de la plaie, mais encore tout le pourtour
du membre, où leur empreinte reste souvent encore
après qu'on les a enlevées, et de produire des érysipèles dans la partie qu'elles compriment. On a, dans
le but de parer à ce dernier inconvénient, employé
des emplâtres d'une autre composition, que celui de
diachylon. Marjolin conseille les emplâtres de dia-
palme et de Nuremberg. Nous avons dans le même
but imaginé un genre de pansement qui posséde-
rait les avantages du pansement de Baynton sans
en avoir les inconvénients, en ce qui concerne la con-
striction du membre et la production d'érysipèles.

Malheureusement, il nous a été impossible d'é-
tablir des expériences sur son compte, et nous le donnons pour la valeur qu'on voudra lui attribuer. Ce
genre de pansement, applicable à l'ulcère simple et
à l'ulcère calleux, se composerait d'une pièce de buffleterie très-douce entourant le membre malade et
de pelotes dont la grandeur serait en rapport avec

l'étendue de la plaie. La figure qui se trouve annexée à ce travail fera mieux comprendre la disposition de ces dernières.

A, B, *fig.* 2, représentent la coupe d'un cylindre de bois ou de métal, qui doit être proportionnellement plus raccourci que ce que le montre la figure, et dont les dimensions de la circonférence inférieure prises intérieurement doivent être un peu. plus considérables que celle de la plaie. C, D est la coupe d'un cylindre en caoutchouc qui s'attache en I au plateau supérieur O, diminue de largeur à sa partie inférieure et se refoule sur lui-même en embrassant dans son intérieur le cylindre A, B, pour aller se fixer au plateau E. Ce dernier plateau est mobile et peut être élevé plus ou moins dans l'intérieur du cylindre A, B, au moyen d'une vis V. Le caoutchouc, bien que fixé en I, I, se prête par son élasticité à l'élévation du plateau E en suivant le sens indiqué par les flèches M, M. Enfin, un cylindre extérieur R, R, plus court que les précédents, ou mieux deux simples tiges d'une largeur assez considérable, servent à joindre la pelote avec le bracelet de buffleterie qui doit faire le tour du membre. Il est évident, si on a compris la disposition précédente, que lorsqu'on appliquera une pelote ainsi construite sur une plaie ulcéreuse atonique, en faisant porter les bords du caoutchouc M, M un peu en dehors des bords de la plaie, et qu'on serrera les pièces de buffleterie qui doivent la fixer au

membre malade, au moyen de boucles convenable-
ment disposées, la compression portera principalement sur les bords de la solution de continuité, sans
affecter douloureusement le reste du membre. Si, une
fois cela fait et la compression nécessaire obtenue, on
serre la vis V, on rapprochera les bords de la plaie,
en tirant le caoutchouc contre lequel ils appuient.

N'aura-t-on pas obtenu tout ce qui a lieu dans la
méthode de Baynton surtout, en fixant au caoutchouc
les topiques convenables, soit immédiatement, soit
mieux encore au moyen de taffetas, d'une étoffe de
laine, ou de tout autre tissu appliqué sur lui? On
peut du reste borner le caoutchouc ou le tissu élas-
tique quelconque dont on se sert, à une zone placée
autour du cylindre A B, et construire avec une toute
autre matière ce qui s'appliquera immédiatement sur
les bords de la plaie. La pelote que nous proposons
paraît compliquée, mais est loin de l'être autant que
ce qu'elle le semble au premier abord. Au reste, on
pourra la modifier. Ce qu'il y a de plus important, à
notre avis, c'est le principe sur lequel elle est construite. Les cylindres qui la composent pourront
perdre leur forme circulaire pour s'adapter à la
forme des plaies, et la pelote pourra prendre même
une forme linéaire. Sous cette dernière modification,
il est possible qu'elle puisse rendre peut-être des services dans des solutions de continuité autres que
l'ulcère, et où on se sert ordinairement de bandelettes

agglutinatives et peut-être de suture. Le plus grave reproche qu'on puisse faire à nos pelotes, c'est qu'il
soit nécessaire d'en avoir de diverses grandeurs pour
les différentes plaies ; mais nous ne désespérons pas
qu'on en construise, dans la suite, auxquelles ce reproche lui-même ne pourra pas être fait, et qui nous
paraîtraient, si elles existaient déjà, les instruments de
chirurgie les plus parfaits pour certaines solutions de
continuité et l'ulcère simple en particulier. Ne réali-
serait-on pas, en effet, par leur moyen tout ce qu'on
obtient avec une main intelligente, qui, s'il était
possible de rendre son action persistante serait et est
encore, malgré ce défaut, l'un des meilleurs moyens
de compression et de réunion connus : 1° pression
verticale; 2° mouvement latéral rapprochant les bords
de la plaie ?

CALLOSITÉS.

L'ulcère qui présente des callosités exige un mode
de pansement en tout pareil à celui de l'ulcère atonique. C'est même pour l'ulcère calleux que la méthode
de Baynton a eu le plus de succès. C'est à lui qu'elle a
été appliquée tout d'abord. Boyer niait cependant ses
principaux avantages, et, objectant qu'elle était bonne
seulement à préserver des rechutes, préférait fondre
les callosités par les émollients. Nous n'avons jamais
pensé qu'on dût se borner à ce moyen. Ayant observé que les callosités étaient la plupart du temps

produites par une inflammation du fond et des bords
de la plaie causée par la marche ou d'autres in-
fluences extérieures, nous croyons que, pour en obtenir la guérison, il n'y a rien de mieux à faire qu'à
panser l'ulcère calleux comme l'ulcère atonique, et à
faire disparaître les causes qui peuvent favoriser
cette complication de la maladie. Elles résistent rarement à ce genre de médication. Si cela avait lieu,
on pourrait peut-être aider à l'action des moyens
précédents par des frictions avec un onguent mer-
curiel, comme on l'a déjà eu fait avec des résultats
variés; mais la compression sera toujours le moyen
par excellence pour les faire disparaître [1]. Nous ne
citerons que pour mémoire les autres médications
qu'on a opposées à la callosité. Lisfranc recommandait les chlorures et le sel marin en particulier. On a
employé les cautérisations au nitrate d'argent.
Ev. Home se servait de l'acide nitreux, et obtenait
ainsi des cicatrices plus durables que par les moyens
précédents. D'autres encore ont préconisé une solution de calomel dans de la salive, le nitrate de mercure, l'acide sulfurique, les vésicatoires, le précipité
rouge, les onguents rosat, basilicum, etc., etc.

---

[1] La callosité de l'ulcère simple est en effet, pour nous, en tout
comparable aux indurations qui peuvent se produire dans tout autre
point de l'économie, sous l'influence de phénomènes inflammatoires
longtemps prolongés, et dont la compression vient à bout alors que
tous les autres moyens ont échoué complètement.

M. Réveillé-Parise veut qu'on y applique des lames
de plomb.

Quoique les fongosités durent encore la plupart
du temps pendant la seconde période de l'ulcère simple, elles se forment le plus souvent quand les sim-
ptômes inflammatoires n'ont pas cessé tout à fait leurs
manifestations et persistent à un certain degré. Le
traitement qu'on doit leur opposer est des plus simples : ou l'on ne leur applique pas de médication spéciale, si elles ne sont pas trop considérables ; ou bien
on les cautérise avec un crayon de nitrate d'argent. On
arrive dans peu de jours, par ce dernier moyen, à
obtenir une plaie à surface régulière. Si elles sont
très-volumineuses et pédiculées, on peut les exciser
avec des ciseaux courbes sur le plat, après les avoir
saisies avec des pinces. Mais on a rarement besoin de
recourir à ce dernier moyen. Les procédés de traitement des fongosités sont les mêmes que ceux des
bords de la plaie ulcéreuse, quand ils sont décollés
dans une grande étendue, afin de faciliter la cicatrisation. Les cautérisations répétées avec le crayon de
nitrate d'argent sont presque toujours ce qu'il y a
de plus convenable à faire dans ces deux cas, et
dispensent de recourir aux excisions.

Cette complication de l'ulcère est plusieurs fois le
résultat d'une application intempestive de topiques

émollients. Dans ce cas il faut, avant tout, les suspendre. M. Réveillé-Parise conseille contre les fongosités les lames de plomb que nous avons vu employer
aussi à propos de l'ulcère calleux. D'autres on préconisé les substances aromatiques ou astringentes :
le sulfate de zinc, le collyre de Lanfranc, l'alun
calciné, etc., etc. L'emploi du quinquina et des amers,
comme traitement général et peut-être aussi local, est
indiqué par les fongosités. C'est, en effet, par ce moyen
seul qu'on rend aux tissus la tonicité nécessaire pour
s'opposer à leur formation.

Marjolin dit à leur propos qu'elles peuvent dégé-
nérer en cancer. Il parle aussi d'une forme d'ulcère
qui peut être rapproché de l'ulcère fongueux, si on ne
doit pas le rapporter plutôt à un ulcère de nature
cancéreuse. Il l'appelle ulcère verruqueux, et l'ob-
serva deux fois à la plante des pieds, une fois à la
jambe et une autre fois à l'anus. Le siége de cette
maladie donne déjà à présumer que ce n'est pas d'un
ulcère simple que parle Marjolin, et nous croyons
que cette opinion doit prendre encore plus de consistance quand il ajoute que ni l'abrasion seule, ni l'a-
brasion jointe à la cautérisation, ne purent le guérir.

VARICES.

La présence de varices complique le traitement de
l'ulcère simple, de celui qu'elles exigent elles-mê-

mes. Nous ne nous y arrêterons pas. Tout ce que nous dirons, c'est que la compression est quelquefois utile dans ce cas, bien que la plaie ulcéreuse ne soit pas franchement atonique. Nous préférerions aux bandes de toile, pour l'exécuter, des bandes de flanelle ou même de caoutchouc vulcanisé. Souvent on n'a pas à tenir compte des varices, et l'ulcère doit être pansé selon les caractères qu'il présente, par les procédés ordinaires. Quand les varices sont plus grandes ou plus nombreuses, il faut, comme Widemann le conseille, envelopper le membre malade avec un bas en peau de chien ou en coutil, ou, même si ce dernier moyen est insuffisant, tenter la ligature des veines variqueuses, comme l'ont fait Paré, Dionis, et plus récemment Béclard, Dorsey et Velpeau ; mais les cas où une opération est nécessaire ne sont pas très-nombreux. Il n'en est pas de même de ceux où les varices, quoique peu considérables, sont cependant en nombre assez grand pour produire des excoriations en plusieurs points du membre tuméfié où s'est déclaré l'ulcère simple. Ces excoriations, quoique peu profondes et n'émettant pas une quantité appréciable de pus, guérissent cependant très-lentement. Nous avons vu à leur égard des résultats remarquables obtenus au moyen de fécule en poudre mélangée à de la fleur de soufre dont on couvrait leur surface. C'est sur l'un des malades qui font le sujet des observations annexées à ce mémoire que cela a eu lieu,

(P.... n⁰ 4, officier; service de M. le professeur Bouisson, à l'hopital Saint-Éloi.)

VERS.

La présence de vers à la surface d'un ulcère simple, qu'il ne nous a jamais été possible d'observer[1], n'aurait pas, à notre avis, de meilleurs remèdes que tous les antiseptiques inoffensifs pour l'économie. On a employé, dans le but de les détruire, le tabac, le

---

[1] Nous serions presque tenté de nier complètement l'existence des vers dans l'ulcère simple, quand la plaie qui en résulte a été tenue d'une propreté suffisante depuis son début. Les cas d'ulcères vermineux rapportés à plaisir par les auteurs, ne seraient-ils pas dus à une saleté excessive et au défaut de pansements qui permettrait à ces vers de se développer; ou bien encore l'ulcère vermineux ne serait-il pas d'une nature toute différente que celle de l'ulcère simple, et les vers qu'on a observés n'auraient-ils pas été la cause directe de l'ulcération comme l'est le vers de Médine? La question de l'ulcère compliqué de vers demande de grands éclaircissements. Il suffit, pour le faire comprendre, de dire qu'on ignore si ce sont vraiment des animaux de la classe des vers qu'on a vus à la surface de l'ulcère, ou seulement des larves de certaines mouches qu'on a prises pour eux. S'il nous était permis de formuler une opinion *à priori*, nous ajouterions même que ce sont ces dernières qui doivent se trouver le plus fréquemment à la surface des ulcères. Les *Musca vomitoria*, *Lucilia Cæsar* et autres espèces analogues déposent, comme on sait, leurs œufs dans les cadavres. De ces œufs éclosent, avec des conditions de température convenables, ces larves appelées improprement vers, qui devancent souvent la putréfaction dans la destruction des parties molles, et doivent après

quinquina, le mercure. La créosote, l'acide phénique, le coaltar saponiné et bien d'autres produits chimiques modernes pris parmi les carbures d'hydrogène, rendraient dans ces circonstances des avantages au moins aussi grands que ceux qu'on a retirés des moyens employés jusqu'à ce jour.

En terminant ici le traitement général et local de l'ulcère simple, nous ferons observer encore que le médecin doit attacher la plus grande valeur à la connaissance de la période dans laquelle se trouve la maladie qu'on lui présente, afin d'y appliquer les médicaments les plus convenables. Il ne nous reste, avant de finir, qu'à parler d'une question qui a été longtemps agitée, l'est encore de nos jours, et fera sentir une fois de plus toute l'importance de ce que nous venons d'avancer.

avoir subi certaines métamorphoses reproduire leurs parents, donnant ainsi un fond de vérité à la légende des Géorgiques sur la naissance des abeilles. Mais ce n'est pas toujours sur des cadavres que les mouches dont nous parlons déposent leurs œufs. Leurs mœurs prouvent qu'il n'y a rien d'impossible à ce qu'elles pondent sur une plaie ulcéreuse, surtout quand elle ne réunit pas les conditions de propreté convenables. Nous avons une fois vu extraire les œufs d'une mouche de la surface conjonctivale d'un paysan qui s'était endormi au mois d'août, au soleil. La mouche qui avait confié ainsi ses œufs à des tissus sains, n'aurait assurément fait aucune difficulté pour les pondre sur les tissus malades d'un sujet affecté d'ulcère.

Doit-on toujours chercher à guérir l'ulcère simple, ou bien est-il dangereux de le faire? Chacune de ces deux opinions a eu d'ardents défenseurs. S. Cooper, B. Bell et Baynton militent en faveur de la première; tandis que Fabrice de Hilden, et bon nombre d'auteurs à sa suite, sont pour la seconde. C'est surtout depuis la thèse de Bouvart, dont nous avons déjà donné un aperçu, que cette idée a pris le plus de consistance dans l'esprit des chirurgiens distingués. Elle ne méritait cependant en aucune façon, par elle-même, qu'on lui fît cet honneur; mais l'idée qu'elle représente n'a pas pour cela moins de raison d'être. Nous croyons, en effet, qu'on doit considérer la plaie de l'ulcère simple comme un exutoire créé par la nature et répondant à un besoin de l'économie. Pourquoi cette sécrétion abondante de pus ou de sérosité qui a lieu à son début, s'il n'y avait là une exigence de l'organisme à satisfaire? Y a-t-il des causes externes qu'on puisse invoquer avec avantage, comme présidant à ces phénomènes, qui sont la première manifestation de la maladie? Nous avons eu l'année dernière l'occasion d'observer un cas très-curieux à l'hospice d'aliénés de Montpellier : Un malade du nom de B..... portait un cautère à la région de la patte d'oie, et avait en même temps une plaie ulcéreuse près de la cheville, à la même jambe. Eh bien! pendant que la plaie ulcéreuse suppurait, le cautère ne suppura jamais et se fer-

mait, malgré tous les moyens employés pour le faire
rester ouvert. Quand cependant ceux qu'on mit en
exécution furent plus réitérés et plus énergiques
pour produire une inflammation locale à l'endroit
du cautère et l'amener à fournir une quantité appréciable de pus, la plaie ulcéreuse du cou-de-pied se
ferma dans l'espace de quatre ou cinq jours, et elle
n'a plus reparu depuis, tandis que le cautère suppure
toujours un peu et ne s'est pas refermé [1].

On voit, par cette observation, l'analogie qui existe
entre l'ulcère simple et les exutoires artificiels. 1° Si
donc un ulcère dure depuis longtemps en apparais-
sant à des époques plus ou moins éloignées, et si sa
suppuration est considérable, sans compromettre
toutefois les jours du malade, nous ne croyons pas
qu'il faille le supprimer tout d'un coup, en se servant
d'une médication qui le fasse fermer le plus promptement possible. Il est bon de le laisser se modifier,
et arriver à une période où la sortie du pus soit
ralentie davantage avant de le guérir. 2° Si l'on
remarque que cet ulcère en suppuration fasse équi-
libre, comme dans l'observation précédente, à une lésion, et surtout que cette lésion puisse compromettre
la vie du malade, étant située sur des organes importants, nous ne pensons pas qu'il faille le supprimer,
et nous serions même, dans ce cas, plutôt porté à

[1] Mars 1867.

l'entretenir par des moyens convenables. 3° Il faudrait laisser encore l'ulcère suivre sa marche, si on avait à craindre que les lésions viscérales dont nous avons parlé se déclarassent à la suite de sa guérison. 4° Il faudrait aussi retarder la guérison d'un ulcère en suppuration, si le malade avait déjà éprouvé des troubles dans sa santé, à la suite de guérisons précédentes.

Mais si, au lieu de rentrer dans les cas ci-dessus, l'ulcère ne suppure pas du tout ou n'émet qu'une sérosité et une quantité de pus peu considérables; enfin si, étant arrivé à sa seconde période, il présente franchement des caractères d'atonie, il n'y aura aucun obstacle à hâter autant que possible son occlusion. On emploiera pour y parvenir les procédés que nous avons déjà décrits à ce propos.

Si on jugeait nécessaire de tenir réveillée la vitalité de la plaie, tout en opérant sa guérison, on pourrait se servir, au lieu de la méthode de Baynton, qui doit toujours tenir la première place, d'un procédé dont nous avons fait l'expérience et dont nous avons obtenu d'assez bons résultats. Il consiste à appliquer sur la plaie un plumasseau imbibé d'eau-de-vie camphrée, à le recouvrir d'une compresse qui fasse complètement le tour du membre; enfin à terminer le pansement par un bandage analogue à celui de Gerdy pour les plaies longitudinales d'une grande étendue. Le milieu de la bande étant appliqué sur le point diamétralement opposé à la plaie, on ramène ses extrémités sur les bords de celle-ci, on pratique sur l'une d'entre elles avec des ciseaux une ouverture dans laquelle on engage l'autre. On tire modérément après cela sur les extrémités des deux bandes ; on les ramène encore sur la partie du membre opposée à la plaie, où on les entrecroise en pratiquant un renversé pour les conduire de nouveau sur la plaie, les passer encore l'une dans l'autre, et continuer ainsi jusqu'à ce qu'on ait recouvert complètement la solution de continuité.

Bien que nous ne les ayons jamais appliquées, nous pensons que des bandes de laine pourraient lutter avec avantage contre les bandes de toile pour ce genre de pansement.

OBSERVATIONS.

PREMIÈRE OBSERVATION.
(Salle Saint-Éloi, N° 46.)

Le 21 janvier 1868, Baptiste S..., âgé de 54 ans, terrassier et chargeur de wagons de la compagnie du Midi, entrait à l'hôpital Saint-Éloi, à Montpellier. Sa jambe gauche, dans la moitié inférieure de son tiers moyen et la moitié supérieure de son tiers inférieur, présentait sur tout son pourtour une rougeur érythémateuse assez vive. En plusieurs endroits, et notamment à la face interne de la jambe et à la partie inférieure de la rougeur, dans toute son étendue, la peau avait pris une teinte plutôt violacée que rouge, tandis qu'en d'autres points, à la partie supérieure et externe, elle présentait presque son aspect normal et ne décelait qu'une légère coloration. A la face interne de la jambe, le long du bord interne du tibia, se trouvaient, de plus, trois plaies d'une faible étendue, mais qui cependant avaient assez incommodé le malade dans les travaux de sa profes-

sion pour le forcer de rentrer à l'hôpital. La forme
des trois plaies dont nous avons parlé était ovalaire.
Elles pouvaient avoir, la supérieure et la plus antérieure, 2 centimètres carrés de surface ; la seconde,
plus inférieure que la précédente, et ne dépassant
que très-peu en avant le bord de l'os, 3 centimètres
carrés et demi ; quant à la troisième, elle s'étendait
sur un espace un peu moins considérable que celui de
cette dernière, et, de plus, les rapports de ses axes
entre eux n'étaient pas les mêmes que ceux des
plaies précédentes. En effet, tandis que leur grand
axe était, avec leur petit axe, dans le rapport de 2 à 1,
le grand axe de la troisième plaie que nous consi-
dérons était, à son plus petit, dans le rapport de
3,5 à 1. Leurs bords n'étaient point taillés à pic,
mais se fondaient, sans limite bien tranchée, avec
leur centre, qui était lui-même sensiblement de niveau avec les parties voisines. Ils se distinguaient
par une couleur composée de bleu et de violet plus
foncée que le reste de la partie affectée de la jambe.
Pour le centre des plaies, il présentait des petits
bourgeons charnus d'un rouge clair ; il était, dans
toutes les trois, également couvert de légères saillies
formées par les bourgeons, et d'enfoncements qui
les circonscrivaient. Il s'en écoulait si peu de pus ou
de sérosité, qu'il nous est impossible de dire sa nature. Les bords des plaies et les plaies elles-mêmes,
bien que sensibles, ne l'étaient cependant pas autant

que d'autres plaies, de même étendue, produites
uniquement par un corps vulnérant, chez un sujet
sain.

En interrogeant le malade, nous apprîmes que
ses parents n'avaient eu aucune maladie qui pût
nous faire soupçonner de sa part une prédisposition à contracter celle qui le tenait en ce moment
à Saint-Éloi. Il nous dit qu'il n'avait eu lui-même
d'autre maladie grave, depuis très-longtemps, que
la plaie de sa jambe ; qu'il était né à Massat (Ariége),
non loin de Saint-Girons ; avait habité Massat, une
bonne partie de sa jeunesse, comme cultivateur, se
portant toujours à merveille. Il était entré, seulement depuis cinq ou six ans, au service de la compagnie du chemin de fer du Midi, comme chargeur
de wagons, et il y avait deux ou trois ans tout au
plus que sa jambe était rouge et s'ulcérait périodi-
quement. Elle l'avait, au reste, toujours assez peu
fait souffrir, et le forçait seulement de suspendre ses
travaux dès qu'il recevait un coup, bien que léger,
sur la partie actuellement rouge. Cette portion affectée du membre s'étendait, comme nous l'avons
déjà dit, sur une partie du tiers moyen et du tiers
inférieur de la jambe gauche, dans une étendue de
plus de 1 décimètre 1/2 de largeur. Elle faisait le
tour de la jambe au-dessus des malléoles, bien que
beaucoup moins prononcée à la partie externe et
postérieure, et surtout à la partie externe et supé-

rieure du large anneau qu'elle dessinait, et qui, sans
cela, aurait entouré assez régulièrement le membre
affecté. C'est pour avoir reçu un coup en tout semblable à ceux qui avaient produit la formation de
plaies à sa jambe les fois précédentes, que S... était
entré à l'hôpital Saint-Éloi.

Quatre jours avant son entrée, c'est-à-dire le 17 janvier, en chargeant un wagon, une pierre assez petite
et pesant près d'un demi-kilog., tomba sur sa jambe
gauche, au-dessus de la cheville, et produisit la
plaie qui était actuellement la plus étendue. Deux
pierres d'un plus faible poids firent les deux autres
plaies, par le même mécanisme. Le malade ajouta,
pendant que nous lui demandions ces détails, que
c'était bien là la cause des plaies qu'on voyait actuellement à sa jambe ; mais que si les pierres ne les
avaient pas produites, autre chose l'aurait fait, et
que chaque année, depuis trois ou quatre ans, il ne
manquait pas de se blesser toujours à la même
jambe et au même endroit, bien qu'il se donnât de
temps en temps des coups aussi forts, si ce n'est
même plus forts, sur la jambe droite.

On appliqua sur les plaies et sur une bonne partie
de la rougeur, aussitôt après la rentrée du malade
à l'hôpital, un pansement simple : un linge enduit
de cérat, maintenu par une compresse et un bandage circulaire. Le même pansement se continua les
jours suivants, aidé dans son action par le sé-

jour au lit du malade. Rien ne changea dans son état.

Le 4 février, les trois plaies existaient encore, tout à fait de la même dimension. Ce qu'on y remarquait était seulement une diminution dans la rougeur de leur centre, qui était plutôt d'un blanc sale que rouge. La rougeur qui entourait les plaies avait aussi diminué, et les points où elle était auparavant le plus faible en étaient tout à fait dépourvus. C'est ce qui se voyait clairement au côté de la jambe opposé aux plaies, où la peau avait repris complètement sa couleur normale.

Le 5 février, et le même pansement continuant toujours, les plaies eurent sensiblement diminué d'étendue depuis le jour précédent, et montrèrent leur tendance vers la cicatrisation. Leur fond était encore aussi blanc, ou même plus, que le jour d'avant.

Le 6, même état des plaies, tendant toujours à diminuer, et rougeur environnante diminuant aussi. Des plaques épidermiques assez étendues se détachent facilement des parties ou l'érythème était le plus prononcé, et ce dernier disparaît de plus en plus. Il ne peut toutefois lutter dans ce sens avec la cicatrisation des plaies, qui sont presque tout à fait fermées le 7 février, ne laissent qu'une faible trace de leur existence le 8 du même mois, et permettent au malade de quitter ce jour-là l'hôpital, bien que la rougeur persiste encore sur une assez grande étendue (10 à 12 centimètres carrés) à la partie interne de la jambe où elles se trouvaient. Elle a disparu partout ailleurs.

OBSERVATION II.

L'observation qu'on va lire appartient à une autre catégorie d'hommes que la précédente. C'est dans l'hospice public d'aliénés de Montpellier que nous l'avons prise. Ici, la plaie de la jambe n'est pas la maladie majeure, ni la plus difficile à combattre; mais elle se fait remarquer par une persistance qu'elle tient, comme nous avons cherché à l'établir, de l'état même du sujet qui la porte.

Ceci s'applique aux observations du même genre que nous insérerons indifféremment, au milieu des autres.

V.... (Jean Antoine), aujourd'hui âgé de 58 ans, est né à Pézenas (Hérault). Il était de sa profession potier d'étain. Nous n'avons pu nous procurer de bien longs détails sur sa jeunesse, ni sur les maladies qu'il a eues à cette période de sa vie, maladies qui auraient du reste probablement peu de rapports avec le sujet qui nous occupe.

Un état de démence avec épilepsie le fit entrer à l'asile d'aliénés le 10 août 1841. Presque à partir de cette époque, les renseignements que nous avons pu nous procurer sur son compte donnent à penser qu'il était sujet à des plaies de jambe qui furent traitées par les toniques locaux (décoction de quinquina, eau-de-vie camphrée) ou généraux (vin de quinquina, etc.).

Le 18 novembre 1864, il se manifesta une plaie à la jambe gauche, qui ne peut avoir été qu'une plaie semblable à celle qui fera le sujet de cette observation, qui nécessita plusieurs pansements à l'eau-de-vie camphrée et disparut sans laisser de traces. Il est probable que la même plaie a reparu plusieurs fois depuis 1864, jusqu'au 4 août 1867, mais nous n'avons pu nous en assurer.

Il y avait près de quatre mois que nous étions chargé des pansements à l'hospice public d'aliénés, quand à l'époque précitée, le 4 août 1867, V... vint se faire panser pour la première fois. La partie antérieure et interne de sa jambe gauche était très-tuméfiée, violacée et brillante. De plus, à la partie inférieure du tiers moyen de la même jambe, de chaque côté de la crête du tibia, se trouvaient deux phlyctènes, d'une étendue inégale, l'interne ayant les plus fortes dimensions. En les excisant, il s'en écoula un pus très-fluide, jaune verdâtre, qui laissa à nu deux plaies d'inégale grandeur comme les phlyctènes. La jambe tout entière portait les caractères d'une forte inflammation, était très-sensible et très-douloureuse. Aussi, bien que les plaies de V.... dussent être pan-

sées dans la suite avec de l'eau-de-vie camphrée, on
y appliqua ce jour-là et le suivant des plumasseaux
de charpie enduits de cérat, et maintenus par une
compresse et un bandage roulé.

Deux jours après, la jambe s'étant désenflée en
bonne partie et les bords de la plaie étant d'un rouge
plus clair, le cérat fut remplacé sur les plumasseaux
par l'eau-de-vie camphrée dont on les imbiba. Le
malade manifesta encore des signes de douleur non
équivoques quand le premier pansement de ce genre
fut appliqué. Les deux plaies qui avaient succédé aux
phlyctènes se réunissaient alors sur la partie antérieure de la jambe et formaient une seule plaie irrégulièrement ovalaire, à grand diamètre vertical, et
de 34 à 35 centimètres carrés de surface. Elle s'étendait le long de la crête du tibia, et commençait à
près de deux centimètres et demi au-dessus d'une
ligne qui aurait passé par les malléoles. Elle était
peu profonde, à bords de niveau avec le reste de la
plaie. Son fond saignait très-facilement pendant les
pansements, malgré toutes les précautions prises pour
l'empêcher. Le malade ressentait encore une vive
douleur quand on le pansait, même quand on ne
faisait que presser autour de la plaie, mais moins
vive cependant que lors de l'excision de la pellicule
des phlyctènes.

Le pansement à l'eau-de-vie camphrée fut continué les jours suivants.

Nous avons vu les deux plaies succédant aux phlyctènes se réunir par leur augmentation d'étendue sur la ligne médiane, pour n'en former qu'une seule, dont nous avons donné approximativement les dimensions. Cette plaie elle même, l'eau-de-vie camphrée étant toujours continuée, s'accrut encore jusqu'au 10 août 1867, tout en conservant sensiblement la même forme, si ce n'est que son diamètre vertical prima encore plus sur son diamètre transversal. Elle s'étendait à cette époque sur une surface de près de 43 centimètres carrés. Du reste, pas de changements bien marqués dans son aspect; peut-être un peu moins de rougeur. Quant au reste de la jambe, elle était presque tout à fait désenflée, peu rouge, si ce n'est aux environs de la plaie, et beaucoup moins sensible et douloureuse.

A partir du 10 août, la plaie demeura stationnaire, et à la fin du mois elle avait encore les mêmes dimensions en surface. Cet état persista durant les mois de septembre et d'octobre de la même année, pendant lesquels le pansement à l'eau-de-vie camphrée fut continué et renouvelé chaque jour. La plaie cependant se dépouilla pendant ce temps de l'apparence qu'elle avait antérieurement. Ses bords devinrent presque de la couleur des parties environnantes, mais elle ne tendit pas plus pour cela vers la cicatrisation. Si elle ne gagnait pas en étendue, son fond se creusa davantage, bien que dans de très-petites proportions. Un pus d'une odeur fétide et *sui generis* s'en écoula, qui souillait la charpie et les pièces du pansement. Ce pus était d'une couleur grise, légèrement verdâtre, et collait fortement contre la plaie et ses bords les brins de charpie, dont l'eau-de-vie camphrée s'était évaporée depuis les vingt-quatre heures pendant lesquelles on n'avait pas renouvelé les topiques appliqués sur l'ulcère. En même temps, on pouvait s'apercevoir que sur toute l'étendue de la jambe gauche du malade, à partir d'une circonférence qui l'aurait entourée en passant par la tubérosité antérieure du tibia jusqu'à une seconde circonférence passant au-dessus des malléoles, enfin partout où elle avait été tuméfiée à l'origine, se détachaient des plaques épidermiques assez étendues. On pouvait en observer de plusieurs centimètres carrés de surface; mais celles qui se trouvaient aux endroits éloignés de la plaie étaient bien moins considérables: c'était sous forme d'une sorte de farine blanchâtre qu'elles se présentaient et s'arrêtaient en partie sur les pièces de pansement et sur les pantalons du malade. Les plus grandes entouraient la plaie. Cette dernière était comme le centre d'où la desquamation rayonnait en perdant de plus en plus de son intensité, jusqu'aux parties saines du pied et de la cuisse du côté affecté, où elle n'existait plus.

Le membre opposé ne présentait rien de semblable, et cela était surtout évident en observant la face interne des pantalons du malade. Il suffisait de frapper

légèrement avec la main sur la partie de ce vête-
ment qui avoisinait la plaie du côté gauche, pour en
faire tomber aussitôt une multitude de petites lamelles épidermiques; ce qui n'avait pas lieu si on pratiquait la même opération sur la partie du pantalon
qui recouvrait la jambe droite. Cette desquamation
épidermique du membre malade, plus ou moins prononcée, et possédant son maximum d'intensité aux
bords mêmes de la plaie, dont on a assez peu tenu de
compte, nous paraît constante à une certaine période
de la maladie. Il est difficile de préciser son commencement et sa fin, vu qu'elle n'apparaît au début que
d'une manière insensible, s'observe d'abord sur les
parties où les lamelles se détachent le plus petites, et
seulement ensuite vers les bords de la plaie, où les
plus grandes plaques restent adhérentes, alors que le
reste du membre affecté se desquame déjà fort peu.

A mesure que la plaie suppurait et que des lames
épidermiques se détachaient à la surface du membre,
la douleur était devenue plus forte, et bien que la rou-
gueur des parties fût moindre qu'auparavant, la sensibilité était considérable. Le malade en donnait surtout
des preuves pendant le pansement, où le moindre contact suffisait pour lui faire manifester les impressions
douloureuses qu'il éprouvait. Aussi, dès les premiers
jours de novembre, il fut jugé nécessaire de joindre
le repos au traitement local, et V..... qui, jusque-là
s'était encore levé et promené une partie de la jour-

née, fut transféré à l'infirmerie. Il garda le lit durant tout le temps compris entre les premiers jours de novembre 1867 et le 10 décembre de la même année.

Pendant qu'on le soumettait à un régime tonique, le traitement local se borna à la même forme de pansement. Sous l'influence du repos, la marche de la plaie changea rapidement. De stationnaire qu'elle était, elle diminua bientôt de surface. Vers la fin de novembre, elle n'avait plus que les trois quarts de son étendue primitive ; sa forme avait aussi changé complètement. Elle avait conservé une bonne partie de sa longueur dans le sens vertical, mais était devenue remarquablement étroite dans le sens transversal. Elle s'étendait le long de la crête du tibia, à 2 centimètres au-dessus d'une ligne passant par les malléoles, sur une longueur de près de 8 centimètres et une largeur d'environ 1 centim. 20 millim. Sa forme était toujours irrégulièrement ovalaire. Elle présentait à son centre un rétrécissement dans sa largeur, qui était plus considérable vers les extrémités. Nous avons pris une largeur moyenne pour faciliter nos mesures. Toujours est-il que la plaie unique auparavant et tendant maintenant à la cicatrisation, allait se fermer par son milieu en s'étranglant pour ainsi dire comme une bourse, et laissant subsister deux plaies beaucoup moins étendues à ses extrémités. C'est ce qui eut lieu dans les derniers temps que V..... passa à l'infirmerie.

La suppuration tarit aussi progressivement, et le 15 décembre la plaie était déjà séparée complètement en deux par une partie saine de près d'un centimètre de largeur. Il ne coulait plus de pus d'aucune des deux petites plaies, et la charpie du pansement était sèche quand on l'enlevait, ou très-légèrement humectée par une sérosité transparente. Elle laissait alors à découvert deux petites solutions de continuité dont la plus inférieure était plus étendue que l'autre, à bords peu élevés, à fond rosé et garni de petits bourgeons charnus.

Avant la fin du mois de décembre, les plaies elles-mêmes s'étaient complètement cicatrisées, et le malade quittait l'infirmerie pour aller dans la cour et à la campagne, comme les autres malades de l'Asile, la jambe entourée seulement d'un bandage protecteur. Mais, quatre ou cinq jours après seulement, il parut de nouveau aux pansements. La plaie de sa jambe s'était rouverte d'elle-même, sans aucune inflammation ni rougeur nouvelle sur son pourtour. Les derniers bourgeons charnus et la cicatrice avaient fait place à une surface ulcéreuse grisâtre d'au moins 12 centim. carrés d'étendue. La nouvelle plaie avait une forme analogue à la précédente ; l'ovale seulement était plus régulier, et ses diamètres étaient dans le rapport de 1,5 à 1. Elle s'étendait depuis la cicatrice de l'ancienne vers la partie interne de la jambe, à 3 centim. 5 millim. au-dessus

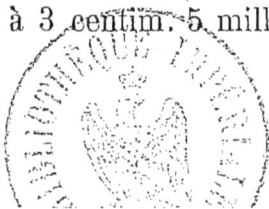

de la malléole interne. Elle était tout à fait indolente, très-peu sensible, et ne donnait que fort peu de pus. La petite quantité qui s'en échappait colorait en gris clair les pièces de pansement appliquées immédiatement sur elle. Les bords de la nouvelle plaie semblaient vouloir se creuser au-dessous et ne pas rester adhérents au fond, ce qui exigea une ou deux légères cautérisations au nitrate d'argent.

Pour le reste du pansement, il eut lieu comme dans le traitement de la plaie précédente, avec des plumasseaux de charpie imbibés d'eau-de-vie camphrée. Mais le malade étant toujours levé, la plaie ne tendit pas à diminuer d'étendue, elle restait complètement stationnaire, ou même augmentait légèrement de surface (1,5 à 2 centimètres carrés). La suppuration était au reste toujours très-faible, la sensibilité très-faible aussi (car en faisant sur la plaie des cautérisations au nitrate d'argent, le malade n'en sentait rien); le membre très-peu douloureux, quand le 26 janvier, le pansement à l'eau-de-vie camphrée fut suspendu pour être remplacé, comme traitement de la plaie, par des bandelettes de sparadrap appliquées selon la méthode de Baynton. Quand on les renouvela, trois jours après, la plaie eut diminué très-sensiblement d'étendue. Le centre apparut en même temps tout à fait de niveau avec les bords. Une légère quantité de pus jaunâtre et probablement coloré ainsi par la substance du diachylon, s'était écoulée entre les deux bandelettes inférieures qu'on avait laissées écartées à une faible distance, à cet effet, et avait souillé la charpie immédiatement appliquée sur elles.

Le pansement fut renouvelé deux fois encore, de trois en trois jours, et resta quatre jours la fois suivante. Au second pansement, la suppuration était tarie, et l'on pouvait s'apercevoir que la surface de la plaie diminuait chaque fois très-sensiblement de surface depuis qu'on l'avait considérée la fois précédente. Enfin, quand le quatrième pansement fut enlevé, le 8 février 1867, elle était complètement fermée, et les bandelettes de diachylon purent être remplacées par une compresse de linge fin à plusieurs doubles qui fut maintenue autour de la jambe par un bandage spiral assez serré, de façon à continuer une partie de la compression exercée auparavant par les bandelettes. La jambe toutefois, dans une étendue assez grande autour de la place occupée par la plaie, était encore, lors de l'application de ce bandage protecteur, un peu rouge, mais assez ferme au toucher pour espérer que la guérison de l'ulcère continuât pour un certain temps.

OBSERVATION III.

(Hôpital St-Éloi, salle de MM. les Officiers ou St-Augustin, n° 4).

P..... de l'administration des douanes, âgé de 46 ans, et paraissant jouir d'une forte constitution, bien que possédant un tempérament lymphatique, entrait le 2 janvier 1868 à l'hôpital Saint-Éloi. Sa jambe gauche, depuis le bord inférieur de la rotule jusqu'au-dessus des malléoles, était fortement tuméfiée ; elle était violette et bleuâtre par places. De plus, à la partie postérieure et inférieure, environ à 20 centimètres au-dessus de l'insertion du tendon d'Achille au calcanéum, se trouvait une plaie de 24 à 25 centimètres carrés de surface et de près de 5 millimètres de profondeur. Ses bords étaient taillés à pic, et s'élevaient au-dessus d'un fond grisâtre en certains endroits et rouge dans d'autres. Des varices qui tranchaient par leur couleur bleuâtre sur celle des parties affectées, serpentaient vers le bord supérieur de la plaie, ainsi que dans une grande étendue de la surface du mollet, sur les muscles jumeaux et soléaire.

La plaie et ses bords n'étaient pas très-sensibles au toucher, et peu douloureux par eux-mêmes. A la partie antérieure et inférieure de la jambe se trouvaient aussi, à 12 centimètres au-dessus d'une circonférence passant par les malléoles, deux autres plaies plus petites et superficielles, à bords de niveau avec leur fond, à fond rouge, et entourées de plaques épidermiques. L'une était en dehors, l'autre en dedans de la crête du tibia. Elles étaient de plus suivies, tant à la face antéro-interne de la jambe gauche qu'à sa face antéro-externe, d'autres plaies de même nature, au nombre de 6 ou 7 de toute dimension, mais inférieures en étendue aux deux plaies déjà décrites. Des veines dilatées, mais cependant d'un calibre plus faible que celles du mollet, bien que plus apparentes à cause de leur position très-superficielle, rampaient au milieu des plaies de la partie antérieure de la jambe, en s'avançant même jusque sur leurs bords. La grande plaie postérieure dont nous avons parlé en premier lieu, était la seule à fournir une quantité appréciable de pus.

Pour les petites plaies, il s'en échappait à peine un peu de sérosité et quelques gouttes de sang pendant les pansements. La rougeur qui s'étendait sur tout le pourtour de la jambe n'était pas sensiblement plus foncée sur leurs bords, à la partie antérieure du membre. Elle se prononçait davantage aux endroits où se trouvaient des veines dilatées qui soulevaient la peau. Partout où elle s'étendait, des plaques épidermiques, dont les plus considérables existaient aux bords de la grande plaie de la partie postérieure et inférieure de la jambe, et autour des plaies de la partie antérieure, se détachaient du membre affecté. La sensibilité paraissait affaiblie à la jambe malade, bien que la douleur fût assez vive sur quelques-unes des petites plaies superficielles.

Le malade n'avait rien eu dans sa jeunesse, comme maladies, qui pût nous faire croire à une prédisposition de sa part à contracter celle qui le retenait en ce moment à l'hôpital. Mais deux ans avant l'époque où nous avons pris cette observation, il nous dit qu'il se rappelait avoir eu une plaie assez étendue à la jambe gauche, au même endroit qui était à présent affecté.

Elle était complétement guérie quand, vers le milieu du mois d'août 1867, la même jambe rougit, sans que P... se fût livré à d'autres exercices que la marche, se tuméfia, devint douloureuse, et il se forma, à la partie postérieure et inférieure, une large phlyctène sous-épidermique d'où s'écoula une certaine quantité de pus, et qui donna naissance à la plaie qui existait encore à cette place le 2 janvier, jour de son entrée à l'hôpital, avec les dimensions et les caractères que nous lui avons déjà assignés. Les autres plaies superficielles étaient consécutives à la grande et dataient seulement de quelques jours, quand P... arriva à Saint-Éloi.

Il nous dit qu'on avait combattu les symptômes inflammatoires du début par des cataplasmes de farine de lin appliqués sur tous les points où la jambe était douloureuse et enflée. La plaie fut pansée avec un linge cératé, maintenu par une compresse et un bandage circulaire. Au lieu de guérir par cette médication, elle s'étendit d'abord davantage, prit les proportions que nous lui avons vues lors de l'entrée du malade, et puis resta complètement stationnaire.

Le 2 janvier 1868, on commença à la panser

avec du vin aromatique au lieu de cérat. Le malade fut soumis à un régime tonique ; on pansa aussi les plaies de la partie antérieure de la jambe, sur lesquelles on avait appliqué du cérat, avec un mélange d'amidon et de fleur de soufre, qu'on renouvelait à mesure qu'une cause quelconque le faisait tomber. Une compresse et un bandage spiral de la jambe le maintenaient en contact avec les plaies. On administra de plus, de trois en trois jours, des bains sulfureux au malade. Le repos au lit lui fut aussi ordonné.

Dès ce moment, les plaies diminuèrent toutes progressivement d'étendue. La plus grande fut la première à se cicatriser, et déjà, dès les premiers jours de février, elle était fermée tout à fait, bien que son fond fût loin d'être encore de niveau avec ses bords. Les plaies de la partie antérieure et inférieure de la jambe diminuèrent aussi de plus en plus de surface, mais avec plus de lenteur. La rougeur du membre malade perdit aussi chaque jour de son intensité. Les lamelles épidermiques qui se détachaient auparavant en si grande abondance des parties affectées, disparurent presque toutes.

Le 17 février, les plaies étaient presque complètement cicatrisées. Le malade suivait toujours le même régime et le même mode de pansement, si ce n'est qu'on avait suspendu celui que nécessitait la grande plaie postérieure, guérie déjà depuis assez longtemps. Une toute petite ulcération, située à la partie anté-

rieure de la jambe, sur la crête du tibia, retenait
encore une légère quantité de fécule, adhérente à
sa surface. La rougeur persistait dans toute l'étendue qu'elle occupait au début de la maladie, bien
que considérablement atténuée. Le malade ne souf-
frait pas à la pression exercée sur aucune partie du
membre affecté, même aux bords de la petite plaie de
la partie antérieure, qui n'était pas encore fermée.
Les bains sulfureux lui étaient toujours prescrits, et
tout semblait faire présager pour lui un prochain
départ de l'hôpital.

OBSERVATION IV.

J... C..., âgé de 40 ans, idiot, est né à Brissac,
département de l'Hérault. Nous n'avons pu nous in-
former s'il a eu dans le courant de sa jeunesse aucune maladie en rapport avec celle qui va faire le
sujet de cette observation. Il a fait son entrée à l'hospice public d'aliénés de Montpellier le 11 avril 1858.
Son tempérament est actuellement un tempérament
lymphatique très-prononcé et penchant franchement
vers le scrofulisme. Déjà, le 25 avril 1861, sa jambe
gauche nécessitait, pour une plaie qui s'y était développée, un pansement avec de la charpie sèche
et de légères cautérisations au nitrate d'argent.

En juin 1861, on pansait la même plaie de jambe
avec de la poudre de quinquina, qui, au mois de

juillet de la même année, fut remplacée comme
pansement par de nouvelles cautérisations au nitrate
d'argent, jugées nécessaires par l'aspect de la plaie
à cette époque. On y joignit un pansement à l'eau-
de-vie camphrée. Il se composait, comme toujours,
de plumasseaux de charpie imbibés de ce liquide, et
appliqués immédiatement sur la plaie. Une compresse et un bandage roulé les empêchaient de se
déplacer. Cette application de plumasseaux imbibés
d'eau-de-vie camphrée dura depuis le commencement de juillet 1861 jusqu'au 20 septembre suivant.
Il faut que la plaie n'ait pas pris, à cette époque,
une meilleure tournure et n'ait pas, du moins, fait
de progrès vers une cicatrisation régulière, car elle
nécessita, du 20 au 26 septembre, des cautérisations
répétées au nitrate d'argent, en outre du pansement
à l'eau-de-vie camphrée, qui durait toujours. Les cautérisations furent suspendues du 26 septembre au
4 octobre, où elles furent de nouveau jugées nécessaires, jusqu'au 20 octobre, pour faire encore place
à un pansement à l'eau-de-vie camphrée seule, qui
se continua pendant le reste du mois d'octobre et les
mois de novembre et décembre.

Il est probable que la plaie qui nécessitait les
pansements ci-dessus avait beaucoup diminué, ou
avait même tout à fait disparu après la fin du mois
de décembre, car C... cessa de paraître aux pansements à cette époque. Mais au mois de mars de

l'année suivante, la même jambe nécessitait un pansement semblable à ceux que nous avons déjà vus. On y appliqua encore d'abord des plumasseaux imbibés d'eau-de-vie camphrée, et les cautérisations furent reprises du 1ᵉʳ au 30 avril. Elles furent suspendues alors, pour que la plaie ne fût pansée qu'avec l'eau-de-vie camphrée seule, mode de pansement qui se continua pendant les mois de mai, juin, juillet, août, septembre et octobre 1862.

Le 17 décembre de la même année, de nouvelles cautérisations au nitrate d'argent étaient nécessitées par la plaie de la jambe malade, et la charpie, au lieu d'y être appliquée après avoir été imbibée d'eau-de-vie camphrée, y fut appliquée seule jusqu'au 27 du même mois.

Il n'est pas nécessaire d'ajouter que le repos et les toniques avaient été ordonnés à plusieurs reprises pendant la longue durée de cette plaie, ainsi que les autres moyens hygiéniques qui pouvaient en arrêter le développement. Nous ne pouvons entrer dans le détail de toutes les sages mesures prises pour la combattre. Ce que nous tenons seulement à dire, c'est que, par une fatale prédisposition du sujet, elle se jouait de toutes les ressources de l'art. Au mois de janvier 1863, elle avait cependant diminué d'étendue, puisque nous trouvons à cette époque qu'on y appliqua seulement un pansement avec de la charpie sèche, et même un pansement

protecteur sans charpie. Elle alla jusqu'à se fermer
tout à fait au mois de mars de la même année, et à
n'exiger pendant tout le reste de 1863 aucune espèce de pansement. Elle était momentanément tout
à fait guérie ; mais en janvier 1864, pour une cause
ou pour une autre, elle se rouvrit de nouveau, et
nécessita une cautérisation quotidienne au nitrate
d'argent pendant assez longtemps. Celle-ci fut remplacée par un pansement à l'eau-de-vie camphrée
jusqu'au commencement du mois de mars, où la
plaie cicatrisa, à ce qu'il paraît, encore.

Au mois d'avril suivant, on appliqua au malade
un cautère au bras gauche. Nous ne savons pas qu'on
ait administré de nouvelles médications, ou appliqué de nouveaux pansements pendant le reste de
l'année 1864. Mais au mois de janvier 1865, nous
voyons de nouveau un pansement à l'eau-de-vie
camphée inscrit pour le pied gauche de C....; en
avril, en mai, des cautérisations avec l'azotate d'argent sur la même partie. Nous voyons, de plus, que
pendant ces mois et les suivants le malade a été soumis à un régime tonique et nourrissant.

Mais nous avons dit assez, si ce n'est même
trop, sur les antécédents du malade que nous étudions, avant l'époque où nous avons pu l'observer
nous-même. Au reste, rien de bien nouveau au point
de vue de la plaie de sa jambe gauche ne s'est passé
pendant l'année 1866 et le commencement de 1867.

La plaie du pied était complètement guérie sous l'influence du pansement qu'on y avait appliqué et dont nous avons parlé, et était remplacée par une autre plaie siégeant à la partie antérieure et interne de la jambe gauche, au commencement du mois de mai 1867, quand il nous fut donné d'observer et de panser C... pour la première fois. Elle était située à près d'un décimètre au-dessus de la ligne circulaire horizontale qui aurait passé par les malléoles de la jambe malade. Sa forme était ovalaire, et son étendue de 16 à 17 centimètres carrés. Son grand axe était dans le sens du membre affecté, et primait d'un tiers sur le petit axe qui lui était, à l'opposé, perpendiculaire. Ses bords étaient taillés à pic et d'une épaisseur de 4 millimètres. Ils entouraient, en empiétant même sur une partie de son contenu, un fond grisâtre tout à fait exsangue, d'où s'échappait une assez grande quantité de pus. Ce fond lui-même était couvert d'une couche de pus opaque et souillait fortement la charpie qu'on avait appliquée la veille sur la plaie. Le reste de la jambe gauche n'était tuméfié en aucune sorte; elle paraissait même à simple vue moins volumineuse que celle du côté opposé.

Une auréole rouge bleuâtre entourait la plaie. Sa largeur était à peu près égale au petit diamètre de celle-ci. En même temps, quelques croûtes épidermiques d'une assez grande étendue se trouvaient autour de la plaie et s'avançaient sur son fond autant que ses bords eux-mêmes. Le malade interrogé, nous dit avoir reçu un coup à la jambe en travaillant dans le jardin de l'Asile, ce qui fut confirmé par une des personnes de l'établissement affectées à sa garde. Les bords de la plaie empiétant, comme nous l'avons dit, sur le contour du fond, furent légèrement touchés avec un crayon d'azotate d'argent au premier pansement. Le fond de la plaie préalablement nettoyé fut recouvert, comme dans les pansements antérieurs des autres plaies de la jambe ou du pied malade, avec un plumasseau de charpie imbibé d'eau-de-vie camphrée et maintenu, comme d'ordinaire, en pareil cas. La même espèce de pansement fut appliquée sur la jambe de C..... le reste du même mois, et les cautérisations au nitrate d'argent continuées autant que cela parut nécessaire. Le malade était complètement insensible au contact du crayon de nitrate d'argent, soit que l'on cautérisât les bords de la plaie, soit même lorsqu'on cautérisait sur le fond de cette dernière quelques bourgeons charnus qui s'y développaient, pendant les derniers jours du mois de mai.

Les cautérisations régulières des bords de la plaie furent suspendues avant la fin du même mois, pour ne plus être reprises que de temps à autre, quand la marche de l'ulcération l'exigerait. Il ne fut pas difficile de s'apercevoir, après quelques jours de pansement, que cette plaie était complètement stationnaire, car ni sa surface, ni la quantité de pus qu'elle sécrétait ne diminuaient sensiblement. Son aspect était aussi absolument le même après un mois de pansement. Les bords seuls, sous l'influence des cautérisations répétées, laissaient tout le fond à découvert. Bien que ce malade fût soumis pendant ce temps à un régime tonique et nourrissant, et que le pansement à l'eau-de-vie camphrée eût toujours lieu, la plaie de sa jambe n'en resta pas moins stationnaire pendant les mois de juin et de juillet suivants. Elle gagna seulement un peu plus dans le sens vertical, tandis qu'elle voyait diminuer son diamètre transversal. Le 9 août, il nous parut qu'elle avait perdu un peu de son étendue. Elle continua à marcher dans ce sens jusqu'au 25 du même mois, où elle ne nécessita plus de pansement à l'eau-de-vie camphrée. Elle était complètement fermée. Un bandage protecteur fut seul appliqué sur le membre auparavant malade, tant pour maintenir comprimés les environs de la cicatrice qui étaient encore rouges, que pour empêcher C..... de recevoir un nouveau coup, si léger qu'il fût, à la même place.

Pendant la fin du mois d'août, le mois de septembre et le commencement du mois d'octobre, C..... ne parut plus aux pansements; mais déjà, le 13 octobre de la même année, il y revenait encore. Une petite plaie irrégulière de près de 5 centimètres dans le sens vertical, très-étroite dans le sens transversal, se trouvait tout à fait à la même place que la précédente. Nous ne pûmes rien apprendre sur ce qui l'avait produite. Elle était au reste peu profonde, n'intéressait que la surface de la peau, et avait l'air d'une simple écorchure. Le membre était un peu rouge autour de cette solution de continuité, mais d'une rougeur assez pâle. Le malade n'éprouvait pas plus de douleur que les autres fois quand on touchait les bords de la plaie, qui était elle-même d'une sensibilité très-obtuse.

Le pansement qu'on fit à cette plaie fut encore le même qu'aux précédentes. Quand on appliqua le plumasseau de charpie imbibé d'eau-de-vie camphrée sur la surface dénudée du derme, le malade se borna à nous dire qu'il y éprouvait une sensation de prurit sans manifester aucune impression douloureuse. Il ne coula pas sensiblement de pus de la plaie les jours suivants, et elle diminua même un peu de surface. Ses bords aussi, qui paraissaient déchiquetés au début, devinrent plus unis, et tout semblait faire prévoir une prochaine guérison. Elle ne se réalisa pas cependant : pendant le reste du mois d'octobre, et le même pansement étant toujours appliqué, la plaie demeura ouverte. Le mois suivant, elle fut aussi complètement stationnaire. Une quantité de pus un peu plus grande s'en écoulait même à la fin du mois de novembre. Il en fut de même pendant le commencement de décembre. La plaie avait cependant une faible étendue, et ne gênait presque pas le malade, qui se promenait dans la cour de l'hospice ou au jardin comme à l'ordinaire ; mais à partir du milieu de décembre, il n'en fut plus ainsi.. Elle s'agrandit dans peu de jours, de manière à prendre les plus fortes dimensions qu'elle eût atteintes dans le courant de l'année. Sa forme était plus allongée dans le sens vertical que lorsque nous l'avons étudiée pour la première fois ; mais elle sécrétait un pus de même nature et en aussi grande quantité. Les bords n'étaient cependant pas aussi épais que ceux de la première plaie que nous avons vue, et son fond restait de niveau avec eux. Ce fond était aussi moins grisâtre et plus rosé, mais la jambe avait contracté une rougeur assez foncée à sa partie antérieure et interne, où se trouvait la plaie. Cette rougeur était d'une étendue assez difficile à limiter, car sa partie la plus foncée se trouvait aux bords de la plaie, tandis que l'autre se fondait insensiblement dans la couleur normale du membre. La sensibilité à la douleur était aussi peu prononcée qu'au commencement, sur le membre malade. L'état de C..... fut jugé néanmoins assez grave pour que, le 7 janvier 1868, on le fît passer de la cour à l'infirmerie. Il y prit peu de temps après son arrivée deux tasses de décoction de quinquina, et y trouva une nourriture fortifiante.

Depuis son entrée à l'infirmerie, les symptômes du côté de la plaie s'améliorèrent de jour en jour. La

rougeur devint moindre sur le membre malade et fit
place à une légère desquamation épidermique, qui
était à son maximum le 25 du même mois. L'étendue de la plaie et la sécrétion du pus diminuèrent
aussi de plus en plus. Vers la fin de janvier, le pansement à l'eau-de-vie camphrée persistant toujours,
la surface de la solution de continuité était tout au
plus de 4 centimètres carrés. Enfin, le 20 février la
plaie de la jambe de C... était presque tout à fait
cicatrisée. A peine si un petit point où le derme était
encore à nu, indiquait la place occupée par la plaie
précédente. Ce point ne dépassait pas un centimètre
carré de surface; la rougeur des environs de la plaie
était aussi très-réduite, et cette dernière, bien que
nécessitant encore quelques pansements, pouvait être
considérée comme guérie.

OBSERVATION V.

I... J..., âgé de 54 ans, atteint d'imbécillité et de
démence, est né à Pignan, département de l'Hérault.
Il possède un tempérament lymphatique très-prononcé. Il n'a jamais eu de profession déterminée. Son
entrée à l'Asile public d'aliénés de Montpellier eut
lieu pour la première fois le 28 mai 1857. Il en est
sorti le 25 juillet 1857, pour y entrer encore le 3 novembre de la même année. J... a effectué ainsi plusieurs sorties suivies de nouvelles rentrées, dont la

dernière eut lieu le 10 décembre 1862. Pendant son séjour à l'Asile, J... a eu une plaie à la jambe gauche, qui a paru pour la première fois le 31 décembre 1862. On y appliqua d'abord un pansement simple au cérat, qui, vu le peu de tendance de la plaie vers la cicatrisation, fut dans peu de temps remplacé par un pansement à l'eau-de-vie camphrée accompagné de quelques cautérisations à l'azotate d'argent. Cette plaie guérit cependant assez vite; et sans que nous puissions préciser le jour où tout pansement fut supprimé, il est probable qu'elle se ferma pendant le mois de janvier 1863 ou au commencement du mois de février de la même année, car toute espèce de pansement fut suspendu pendant ce laps de temps ; mais elle ne se ferma que temporairement, ou ne se ferma même pas tout à fait, car déjà le 28 février un nouveau pansement fut appliqué sur la jambe malade. Ce fut aussi d'abord un pansement simple, qui fut suivi comme le premier par un pansement à l'eau-de-vie camphrée.

La plaie durait encore au mois d'avril 1863, et exigeait des cautérisations à l'azotate d'argent qui furent continuées pendant le mois de mai de la même année. La plaie et le pansement à l'eau-de-vie durèrent jusqu'à la fin de septembre 1863, bien que le malade eût été soumis pendant ce temps à un régime tonique et approprié à son état. On lui appliqua à cette époque un large vésicatoire entre les épaules, et un second au côté droit, pour une maladie intercurrente sur laquelle nous n'avons pas de renseignements précis. En même temps la plaie de la jambe, soit sous l'influence des vésicatoires, soit qu'elle eût guéri d'elle-même, cessa d'exiger des pansements particuliers pendant quelque temps.

Mais cette guérison ne fut pas de longue durée, car le 16 février un pansement semblable aux précédents, à l'eau-de-vie camphrée, et des cautérisations au nitrate d'argent, étaient de nouveau nécessaires. Le tout se continua pendant une bonne partie de l'année 1864 ; soit que la plaie sur laquelle nous ne pouvons donner aucune notion, quant aux dimensions, fut extrêmement étendue, soit qu'elle fût d'une atonie et d'une immobilité complètes.

En janvier 1865, la plaie de la jambe cessa enfin d'exiger un pansement à l'eau-de-vie camphrée. On le remplaça pendant quelques jours par de la charpie sèche, et vers le milieu du mois, par un pansement protecteur. Au mois de mai de la même année, la plaie s'était de nouveau ouverte, par une cause ou par une autre, et exigeait un pansement à l'eau-de-vie camphrée comme précédemment. Il se continua pendant les trois mois suivants, accompagné de temps à autre par quelques cautérisations à l'azotate d'argent, rendues nécessaires par l''état de la plaie. Au commencement de septembre 1865, la plaie cicatrisait de nouveau et ne réclamait encore qu'un pansement protecteur. Elle demeura guérie pendant le reste de la même année, mais l'année suivante elle se montra encore vers le mois d'avril, et exigea des pansements pendant plusieurs mois, analogues aux précédents. Un pansement protecteur remplaçait encore les pansements à l'eau-de-vie camphrée, à la fin du mois de septembre 1866, et fut lui-même suspendu à son tour, laissant la jambe du malade cicatrisée, jusqu'à l'époque où il nous a été possible de l'étudier nous-même. Les détails qui précèdent, et qui portent uniquement sur le traitement et non sur la forme ou la nature des différentes plaies qui se sont montrées sur la jambe de J...., ont paru assurément ennuyeux à lire ; mais nous avons cru utile de les donner autant que cela nous a été possible, pour renseigner sur les antécédents du malade, que nous allons maintenant étudier de plus près.

Le 18 août 1867 nous appliquâmes un pansement pour la première fois, sur la jambe gauche de J.... Elle était rouge dans tout son contour, depuis une circonférence qui aurait passé par les malléoles, jusqu'à une seconde qui aurait limité en bas le tiers supérieur du membre. Cependant cette rougeur était pâle et n'avait pas un caractère franchement inflammatoire. Elle paraissait exister depuis longtemps sur la jambe malade. Ce qui le faisait connaître au premier coup d'œil, c'était son peu d'intensité et en même temps des plaques épidermiques qui s'éten-

daient sur toute la surface de la rougeur, et avaient
exigé un certain temps pour se former. De plus, une
plaie de 19 centimètres carrés s'étendait à la partie
interne et inférieure de la jambe, immédiatement
au-dessus de la malléole. Elle était irrégulièrement
rectangulaire, à angles arrondis, et son grand axe,
qui était dirigé un peu de haut en bas et d'avant en
arrière, primait fort peu sur son petit axe, qui lui
était perpendiculaire. Ses bords étaient peu élevés
et entouraient un fond blanchâtre, peu humide, an-
nonçant, par quelques capillaires lésés dans son
étendue et qui laissaient échapper quelques gouttes
de sang, que la plaie était de formation toute récente.
Les renseignements qu'on pouvait obtenir confirmè-
rent les prévisions qui étaient nées dans notre
esprit à la simple inspection de la plaie. J.... avait
reçu le jour précédent un coup de pied qui, bien que
léger, avait déterminé, sur une partie déjà ramollie,
la solution de continuité qu'on y apercevait.

Au reste, le malade ne ressentait aucune sensation
douloureuse permanente à la place de la rougeur qui
entourait sa jambe, ni sur la plaie elle-même. La sensibilité du membre affecté était aussi très-affaiblie.
Les points les plus sensibles étaient ceux de très-faible
étendue, par où suintait un peu de sang à la surface de la
plaie. Les pansements à l'eau-de-vie camphrée, qu'on
appliqua immédiatement sur elle, produisirent une
faible sensation de douleur en ces points-là, tandis que

8

sur le reste de l'étendue du fond et des bords de la plaie, ils n'occasionnèrent au malade qu'une sensation de prurit. Le pansement à l'eau-de-vie camphrée, appliqué dès le premier jour, se continua pendant le reste du mois d'août, le mois de septembre et une partie du mois d'octobre, sans que la plaie diminuât sensiblement d'étendue. Le 15 octobre, elle avait encore les mêmes dimensions que le premier jour. Les bords étaient seulement devenus plus épais, le fond était d'un blanc un peu plus sale, mais aucun pus ne s'en écoulait ; une faible quantité de sérosité collait légèrement la charpie des pansements.

C'est à cette époque qu'il fut jugé convenable de remplacer le pansement à l'eau-de-vie camphrée par des bandelettes de sparadrap, appliquées selon la méthode de Baynton et renouvelées de trois en trois jours. A partir de ce moment, la surface de l'ulcère diminua rapidement d'étendue; mais comme les bandelettes employées pour le pansement n'étaient pas toujours assez longues pour être appliquées selon les règles émises par le chirurgien anglais, et la compression de la plaie était plus modérée, cette dernière exigea un plus grand nombre de pansements qu'à l'ordinaire. Cependant, elle était déjà complètement fermée aux premiers jours du mois suivant, et se bornait à un fond de 5 centimètres carrés au plus, entouré par des bords dont l'épaisseur n'avait pas changé. A partir de cette époque, la compression avec les bandelettes fut continuée, mais toujours pratiquée avec des lanières de sparadrap, qui ne faisaient pas le tour du membre malade. La plaie resta dans le même état.

Il en fut ainsi pendant le mois de novembre, où le même pansement fut toujours appliqué. Le malade, qui était fort peu incommodé par cette plaie, se pro- menait pendant ce temps et allait à la campagne de temps à autre. Mais le 15 décembre, la plaie, qui subissait toujours le même mode de pansement, s'accrut un peu en étendue au lieu de diminuer. Le 1er janvier 1868, elle avait déjà atteint la moitié de ses dimensions primitives.

Le 7 janvier, le malade fut transféré à l'infirmerie de l'hospice. En même temps, une nourriture meil- leure qu'auparavant lui fut ordonnée ; on y ajouta du bon vin, etc. Peu de jours après son installation à l'infirmerie, on suspendit le pansement aux bande- lettes de sparadrap, qui n'avaient pas produit un bon effet, pour revenir au pansement primitif à l'eau- de-vie camphrée. Le repos, une nourriture de choix à laquelle s'ajoutèrent, le 30 du même mois, deux cuillerées d'huile de foie de morue ordonnées au malade, et le pansement à l'eau-de-vie, modi- fièrent la marche de la plaie. Elle tendait dès-lors vers la cicatrisation, quand une tumeur située dans le creux poplité du membre affecté et causant une grande douleur au malade, vint se joindre à la plaie

déjà existante. Cette tumeur s'étendait dans toute
là région poplitée, depuis l'espace compris entre les
tendons du biceps et du demi-membraneux jusqu'à
la partie supérieure des muscles jumeaux. La fluc-
tuation fit reconnaître en elle un abcès considérable, sur lequel on appliqua immédiatement un cataplasme de farine de lin. Deux jours après, le 13 février 1868, on en pratiquait l'ouverture au moyen
d'une incision au bistouri à la partie inférieure du
creux poplité. Il s'en écoula aussitôt un flot de pus,
d'un gris verdâtre et d'une consistance assez épaisse.
La quantité peut être évaluée à plus de 80 grammes.
Il s'en échappa encore une assez grande quantité
les jours suivants par la même ouverture. Il prove-
nait, en pressant doucement la jambe de bas en haut,
de tous les interstices des muscles du mollet, qui
étaient disséqués par lui. Une grande collection de pus
tout semblable, qui ne pouvait pas s'échapper par
l'incision déjà existante, en nécessita une seconde
à la partie supérieure de la région poplitée, entre
les tendons du demi-membraneux et du biceps fé-
moral, et à égale distance de l'un et de l'autre.
Cette incision eut lieu trois jours après la première,
c'est-à-dire le 16 février 1868.

Les 14, 15, 16, 17 et 18 du même mois, il s'é-
chappa chaque jour une quantité de pus de moins
en moins considérable par l'incision inférieure.
Celui qui s'écoula par l'incision supérieure avait été

tari plus tôt, et à peine s'il en sortit quelques gouttes le jour qui suivit l'incision.

Le 18, peu après le pansement de sa jambe, le malade s'évanouit. Ce pansement avait lieu toujours en appliquant de la charpie imbibée d'eau-de-vie camphrée sur l'ulcère, ainsi que sur l'ouverture des incisions au bistouri, pour l'abcès du creux poplité, à laquelle on avait joint une grande compresse embrassant tout le mollet, et recouverte de charpie trempée dans de la décoction de quinquina. Un bandage spiral de la jambe, assez serré, surtout à la partie inférieure, maintenait le tout. Cet état dura près de cinq minutes, ce qui peut donner une idée de la faiblesse dans laquelle avait plongé le malade la longue durée de son ulcère, compliqué du vaste abcès qui s'était formé à la jambe déjà affectée. La marche de la plaie de la malléole resta presque stationnaire pendant la durée de l'abcès. Le 20 février, elle avait encore près de 3 centimètres carrés d'étendue, ses bords étaient couverts de vastes plaques d'épiderme qui s'étendaient sur tout le côté interne de la jambe malade et sur le pied lui-même, où tout l'épiderme, enlevé en masse, formait un fourreau qui l'embrassait tout entier, depuis sa partie supérieure et antérieure jusque sur toute l'étendue du talon. La plaie produite par l'incision inférieure du bistouri au creux poplité était déjà guérie à cette époque. On cessa aussi ce jour-là de pratiquer le même mode de pansement. La plaie de l'incision supérieure du creux poplité, qui n'était pas cicatrisée encore, fut pansée toujours à l'eau-de-vie camphrée ; mais on se borna à passer avec un pinceau de la teinture de quinquina autour de la plaie de la malléole, et, comme il s'y formait une croûte, à la recouvrir seulement avec une compresse entourée avec un bandage roulé circulaire. Depuis son évanouissement, l'état du malade a été de jour en jour meilleur, et, le 24 février, la plaie de la malléole paraissait tout à fait cicatrisée, bien que recouverte par une croûte peu étendue. La plaie formée aussi par le bistouri au creux poplité était presque complètement guérie, et marquait à peine sa place par un petit espace non cicatrisé, qui pouvait exiger au plus deux ou trois pansements.

OBSERVATION VI.

L.... (Achille), entré le 22 janvier 1866 à l'hospice public d'aliénés de Montpellier, et d'un tempérament lymphatico-sanguin très-prononcé, présentait le 7 février 1868, sur toute l'étendue de la jambe gauche, depuis le genou jusqu'au cou-de-pied, une rougeur érythémateuse très-intense, accompagnée de gonflement de la partie, ce qui l'avait forcé de monter à l'infirmerie, où il gardait le lit. Des phlyctènes d'une étendue assez considérable s'étaient formées à la partie interne et inférieure du membre tuméfié. Les antécédents du malade ne purent rien nous apprendre en rapport avec la maladie qu'il présentait en ce moment. Il était entré dans l'asile atteint de folie avec prédominance de conceptions religieuses auxquelles avait succédé une profonde stupidité. Les phlyctènes laissant apercevoir à travers l'épiderme soulevée un pus blanchâtre, nous procédâmes à leur excision avec des pinces et des ciseaux courbes.

Elles laissèrent à découvert, après l'évacuation d'un pus blanchâtre, opaque et très-fluide, une plaie très-irrégulière, de près de 20 centimètres carrés de surface. Elle était peu profonde et à fond rouge clair, ou rosé, avec de petites inégalités. On appliqua sur elle comme pansement, immédiatement après l'excision des phlyctènes qui n'avait pas été très-douloureuse, un plumasseau imbibé d'eau-de-vie camphré, maintenu comme toujours par une compresse et un bandage circulaire du membre. Ce pansement fut renouvelé chaque jour, à partir de cette époque, à peu près à la même heure (10 heures du matin).

Déjà, le 16 février, le malade ne gardait plus le lit. Toute enflure avait disparu, bien que la rougeur persistât toujours, mais moins foncée et dans une bien moindre étendue. Elle se bornait à une zone de 4 centimètres seulement, entourant la plaie. Cette dernière elle-même avait beaucoup diminué et ne pos-

sédait plus que 12 centimètres carrés de surface.
Elle sécrétait aussi bien moins de pus que les premiers
jours, et celui-ci présentait des caractères qu'il n'a-
vait pas au début: il était toujours blanchâtre, opalin,
mais plus consistant que celui qui s'échappait auparavant. La desquamation du membre autour de la
plaie avait lieu à cette époque; elle n'était pas cependant très-considérable. Enfin, le 27 février, où nous
écrivons cette observation, et le pansement à l'eau-
de-vie camphrée étant toujours appliqué, la plaie de
L.... avait tout au plus une étendue de 2 centimètres carrés, sans présenter d'autres caractères que
ceux qu'elle possédait primitivement. La rougeur
avait aussi presque totalement disparu, si ce n'est
tout à fait, sur les bords ; enfin, tout portait à présumer que dans peu de temps il s'effectuerait une complète guérison.

Nous ajouterons que pendant la durée de son ulcère
à la jambe, le malade a eu en même temps un des
ganglions sous-maxillaires du même côté qui a légèrement suppuré et dont la marche a été toute semblable à celle de l'ulcère, quant à la suppuration et
à la cicatrisation de la plaie.

OBSERVATION VII.

(Salle St-Éloi, n° 59.)

M.... (Jean-Baptiste), âgé de 47 ans, et paraissant jouir d'une assez bonne constitution, entrait le 17 février 1868 à l'hôpital Saint-Éloi. A la partie interne de sa jambe gauche se trouvait, à 15 centimètres au-dessus de la malléole, une plaie de près de 20 centimètres carrés d'étendue. Une croûte formée de pus desséché et de plaques épidermiques la recouvrait en bonne partie. Par les points où la surface de la plaie n'était pas couverte par la croûte, s'échappait, si on pressait légèrement cette dernière avec l'index, une quantité peu considérable de pus blanchâtre et assez épais. La plaie était entourée par une rougeur assez foncée, qui s'étendait seulement à la partie antérieure de la jambe dans son tiers moyen, mais l'embrassait dans tout son contour dans le tiers inférieur. Le malade était tailleur de pierres de son état ; né à Grenoble, il avait habité cette ville pendant vingt ans sans avoir de maladie grave, du moins il n'en avait eu aucune qui fût en rapport avec celle qui le retenait en ce moment à l'hôpital. Ses parents n'avaient pas été non plus sujets à une affection semblable.

Il y avait seulement un an, à l'époque où nous prenions cette observation, qu'en travaillant à Pont-Saint-Esprit où il se trouvait alors, M.... s'était donné

un coup à la jambe et s'y était produit une plaie, qui
au mois d'août 1867 le forçait de rentrer à l'hôpital
Saint-Éloi, où nous l'avons vu rentrer de nouveau le
17 février 1868, et où il est encore en ce moment.
Cette plaie avait été pansée, pendant les mois d'août et
de septembre qu'il y passa, avec du vin aromatique,
et lui avait permis de quitter au commencement du
mois d'octobre de la même année, l'hôpital où il se
trouvait, bien qu'elle ne fût pas complètement cicatrisée. Mais peu de jours après la sortie du malade, la
plaie, au lieu de guérir complètement, persista et
acquit successivement les dimensions que nous lui
avons vues le 17 février 1868.

Le lendemain de son entrée à l'hôpital, on appliqua un cataplasme sur la plaie de M.... Il fit tomber
les croûtes qui la recouvraient. Au-dessous d'elles se
trouvait une solution de continuité très-peu profonde,
qui n'exigea aucun pansement. Aucun pus ne s'en
échappait, et le fond de la plaie était de niveau avec ses
bords. Cependant on reconnaissait à sa couleur rosée
et blanchâtre que l'ulcère n'était pas encore tout à
fait guéri, mais en voie de cicatrisation. Le 20 février, l'état du malade était à peu près le même.
Le 25, même état. Le 29, le malade allait un peu
mieux, et la plaie était presque cicatrisée sur toute
son étendue; les tissus avaient repris leur couleur
normale à son niveau, et le malade aurait déjà quitté
l'hôpital, s'il n'y eût été retenu par une autre maladie dont nous allons dire quelques mots.

Le 17 février, il était rentré à Saint-Éloi, non-seulement pour la plaie de sa jambe, mais encore pour
une tumeur assez considérable de l'articulation mé-
tatarso-phalangienne du gros orteil située du même
côté que sa plaie ulcéreuse. Cette tumeur le gênait
considérablement dans la marche, et lui causait parfois d'assez vives douleurs. Tout en ayant beaucoup
diminué et ayant perdu tout caractère douloureux,
elle persistait encore le 29 février, où nous avons
cessé d'observer le malade, et c'est elle qui l'avait
empêché de quitter Saint-Éloi.

FIN.

ERRATUM.

pag. 74, ligne 16 (Note).

———

Nous ne pouvons passer sous silence, à propos de la période atonique de l'ulcère simple, une méthode de traitement préconisée par M. le professeur Bouisson. Cet éminent chirurgien, dans un mémoire inséré dans son *Tribut à la chirurgie* (tom. II, pag. 153), s'arrête aux conclusions suivantes, qui résument sa manière de procéder :

« 1º La ventilation des plaies et ulcères est utile dans un très-grand nombre de cas comme moyen curateur ;

» 2º Elle amène la guérison en desséchant les surfaces nues et en les recouvrant d'une croûte formée par les liquides évaporés ;

» 3º Cette croûte a pour effet d'isoler la plaie du contact de l'air, et de favoriser un mode de cicatrisation plus simple et plus régulier que celui des plaies incessamment soumises au contact de l'air ou des matériaux de pansements ;

» 4º La cicatrisation sous-crustacée est pour les plaies non réunies ce que la cicatrisation sous-cutanée est pour les plaies réunies ;

» 5º Les plaies et les ulcères ventilés se cicatrisent plus promptement et avec moins d'accidents primitifs ou consécutifs que les plaies soumises aux pansements par les corps gras ou autres topiques médicamenteux ;

» 6º La ventilation développe des effets qui se traduisent par la réfrigération locale, l'action astringente et antiphlogistique et la dessiccation de la plaie, la mise à l'abri du contact de l'air et la préservation de l'action septique du pus ;

» 7º Elle s'exécute simplement à l'aide du soufflet ordinaire ou d'un ventilateur en caoutchouc muni de tuyaux de forme diverse pour modifier le courant d'air. On peut aussi faire usage de venti-

lateurs mécaniques projetant simultanément des médicaments pul-
vérulents pour faciliter la formation de la croûte ;

» 8° Ce mode de thérapeutique est applicable au traitement des
plaies non réunies récentes ou anciennes, d'une étendue petite ou
moyenne. On peut l'appliquer aussi au traitement des ulcères simples, de la brûlure, etc. Son action peut être auxiliaire d'un traitement général, être précédée de celui-ci ou se combiner avec d'autres
précautions ;

» 9° Elle offre plusieurs avantages indirects, notamment l'économie de la charpie et du linge à pansements.

Six observations sont jointes a ce mémoire.

La méthode de M. Bouisson s'applique, on peut le voir, d'après
son auteur, aux plaies de nature diverse, à la brûlure ainsi qu'à l'ulcère simple. Sans nous occuper de l'utilité qu'elle peut avoir dans
les diverses sortes de plaies, bornons-nous à considérer les avantages qu'elle nous fournira dans l'affection qui nous occupe. Et d'abord,
il ressort de notre manière d'envisager l'ulcère simple, que le procédé thérapeutique de M. Bouisson aura des effets curateurs tout
différents selon la période de la maladie où il sera appliqué. Dans
la première période, ou période inflammatoire, les effets dessiccatifs
de la ventilation ne pourront se manifester puisque, ou le pus
n'existe pas encore, ou il s'échappe avec une telle abondance qu'il
soulèverait et dissoudrait à chaque instant la croûte qu'on pourrait
former à sa surface. Ce mode de traitement ne pourra donc agir
que par l'action astringente et antiphlogistique que lui a reconnue
son auteur. Mais ne possède-t-on pas des antiphlogistiques plus
efficaces, dont la méthode par ventilation interdirait ou du moins
entraverait l'usage ?

Comment ventiler un ulcère, et appliquer en même temps à sa
surface les larges cataplasmes qui rendent tant de services à son
début, ainsi que les autres topiques médicamenteux mous ou liquides?

Dans la période atonique et quand la plaie ulcéreuse ne laisse
échapper qu'une faible quantité de pus, nous ne nierons pas que la
méthode de M. Bouisson ne possède quelques avantages :

1° Une croûte qui se forme à la surface du pus préserve jusqu'à

un certain point du contact de l'air les portions de cette humeur
situées au-dessous d'elle, et peut la rendre moins irritante pour l'é-
conomie ;

2° Si le malade désire que la plaie ulcéreuse qu'il porte ne souille
pas pour quelque temps ses habits, sans cependant y appliquer un
pansement, si simple qu'il soit, il peut se borner à la ventiler.

Mais combien d'inconvénients ne trouvons-nous pas attachés à la
méthode de traitement par la ventilation, en échange des profits
qu'on peut en retirer? Combien il nous est impossible de lui attribuer dans la cure de l'ulcère simple toute la valeur que M. Bouisson
lui prête! Et en premier lieu, l'empêchement qu'elle porte à l'altéra-
tion du pus, par la formation d'une croûte à sa surface, compense-
t-il la facilité avec laquelle ce mode de pansement peut favoriser son
absorption? Il est peu important d'avoir du pus plus ou moins irri-
tant à la surface de l'ulcère dans la période atonique. Le plus irri-
tant ne serait même que celui qui paraîtrait le mieux répondre aux
indications. Mais l'absorption de cette humeur est d'une tout autre
gravité.

La formation d'une croûte protectrice à la surface de l'ulcère n'est
nullement un moyen curateur. Le pus se forme toujours au-dessous
d'elle, à moins que la plaie n'eut cessé d'elle-même d'en émettre, et
ceci est complètement en rapport avec les théories les plus modernes
de la pyogénie ; c'est de plus basé, pour nous, sur toutes les observations d'ulcères simples que nous avons pu faire, à l'hôpital Saint-
Éloi, dans le service de M. Bouisson lui-même. Aussi, la plupart du
temps une croûte se forme, il est vrai, à la surface de la plaie, sous
l'influence de la ventilation, et cela en très-peu de temps; mais elle
ne persiste que quelques heures, quelques jours au plus. Le moindre
contact la fait souvent tomber à l'instant même où on a cessé de
ventiler, et l'on est obligé de recommencer. Si quelquefois la croûte
persiste davantage, c'est que la sécrétion à la surface de la plaie est
si faible qu'on aurait obtenu, par les moyens les plus inactifs, le
même résultat. Nous avons vu un cas très-remarquable (c'était chez
le malade de l'observation II annexée à ce mémoire) où une croûte
qui se formait ainsi à une ceraine époque, à la surface d'un ulcère,

découvrait chaque fois, lors de sa chute, une plaie plus grande que celle qui existait auparavant.

Nous sommes loin aussi de suivre M. Bouisson, quand il semble préférer sa méthode par ventilation dans le courant de son mémoire, à celle de Baynton par les bandelettes de sparadrap.

Il est vrai que la ventilation ne possède aucun des inconvénients qu'on a objectés à plaisir à la méthode du chirurgien anglais. Mais si cette méthode est appliquée à la période de l'ulcère qui lui est propre et d'une façon convenable, ces inconvénients n'existent pas. Ses avantages sur le nombre assez considérable d'ulcères que nous avons observés, nous ont toujours paru supérieurs à ceux de la cicatrisation sous-crustacée. Enfin, la méthode par la compression est la seule qui puisse agir sur les tissus qui constituent, on peut le dire, l'organe formateur du pus, et modifier ainsi la sécrétion de l'ulcère simple, l'un de ses principaux symptômes. Le rapprochement des bords de la plaie par les bandelettes de Baynton contribue encore beaucoup plus à son occlusion, selon nous, que la ventilation de sa surface.

Fig.1.   Fig.2.

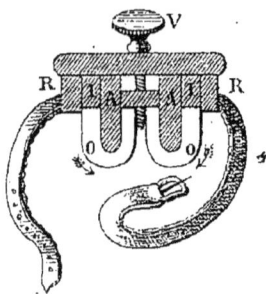   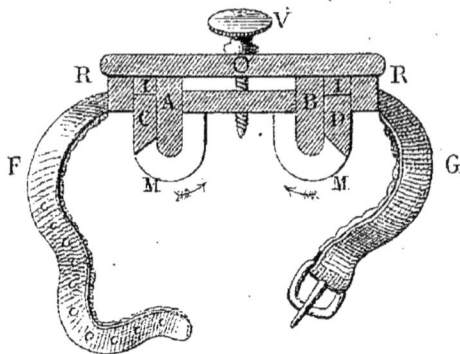

Courbes : *de la température du membre malade (1)*
de la sensibilité (2) et de la surface de la plaie ulcéreuse (3)

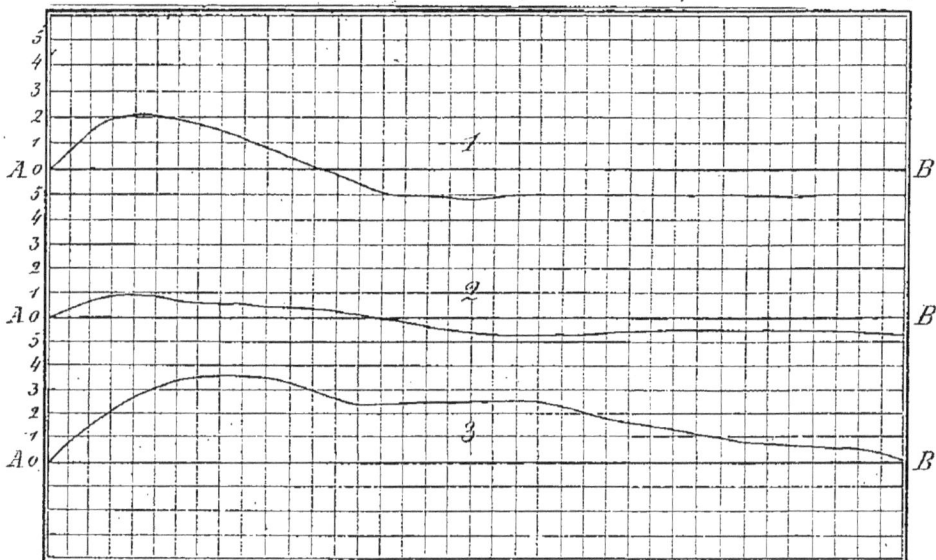

Nota : Ces courbes ne sont qu'une réduction au quart, de celles que nous avions
dressées d'après les observations.

LÉGENDE.

Fig 1 Coupe transversale de la pelotte
         linéaire.
   AA *planchettes de bois ou d'un corps*
       moins dur
   II *morceaux rectangulaires de caoutchouc*
       se prêtant au glissement du tissu quel-
       conque
   OO *qui appuie sur les bords de la plaie et*
       qui est représenté rembourré dans la
       figure.

   V *Vis*
   R *lieu d'attache des liens en buffle-*
       terie qui embrassent le membre.
Fig 2 Coupe transversale d'une pelotte
         circulaire.
   destinée à montrer les pièces intéri-
   cures avec les pièces de buffleterie
FG *qui entourent le membre malade.*

INDEX BIBLIOGRAPHIQUE.

HIPPOCRATE. — OEuvres complètes, trad. Littré, tom. V.

VIGIER (Jos.). — Traité des ulcères. Lyon, 1614.

´ASTRUC (J.). — Traité des tumeurs et des ulcères. Paris, 1759.

BOEHMER (Ph.-Ad.) Dissertatio de ulcerorum externorum sana-
tione difficili, ob illorum cum morbis viscerorum com-
plicationem. Halle, 1762.

NIETZKI. — Diss. de callorum circa ulcera ortu, effectu, præ-
servatione et curatione. Halle, 1762.

BOUVART. — Ergo ulcus inveteratum, si exaruerit, arte revo-
candum. Thèse. Paris, 1774.

POHL. — Progr. de callo ulcerum. Leipzig, 1767.

MERK. — De curationibus ulcerum difficilium, præsertim in
cruribus obviorum. Göttingue, 1776.

BELL (Benj.). — A treatise on the theory and management of
ulcers, etc. Édimbourg, 1778.

UNDERWOOD. — Surgical tracts containing a treatise on ulcers
of the legs. Londres, 1788.

WEBER. — Allgemeine Helkologie, oder Nosol.-Ther. Darstel-
lung der Geschwüre. Halle, 1792.

BRAMBILLA. — Trattato chir. soprà le ulcere delle estremita
inferiore. Milan, 1793.

HOME (Ev.). — Practical Observations on treatment of ulcers.

BAYNTON. — Descriptive account of a new method of treating
old ulcers in the legs. Londres, 1797.

9

WHATELY. — Practical Observations on the cure of wounds and ulcers on the legs. Londres, 1799.

RŮST. — Diverses publications, entre autres : Helkologie. Vienne, 1811 ; Rust's Magazine, 1827.

BRODIE. — Med.-chir. transact. of. London, 1814, tom. V. Lond., med. Gazette, 1838, tom. I, pag. 154 et 264.

AINSLIE. — Journal asiatique, 1816.

RÉVEILLÉ-PARISE. — Mémoire sur une nouvelle méthode de pansement des plaies et ulcères qui tendent à se cicatriser. Paris, 1828.

PARENT-DUCHATELET. — Annales d'hygiène publique, 1830, tom. IV, pag. 259.

BOYER (Ph.). — Rapport au conseil des hôpitaux. Paris, 1851.

RIGAUD (Ph.). — Thèse d'agrégat. Paris, 1859.

CONTE. — Archiv. gén. de médecine.

MARJOLIN. — L'article *Ulcère* du Dictionnaire de médecine en 30 vol. Paris, 1847.

VIDAL (de Cassis). — Traité de pathologie externe. 5 vol. Paris, 1861.

BOUISSON. — Tribut à la chirurgie, tom. II. Paris, 1865.

PALENC. — Thèse. Montpellier, 1867.

BILLROTH. — Éléments de pathol. chir. gén., traduct. de MM. Cullman et Sengel. Paris, 1868.

TABLE DES MATIÈRES

www.ingramcontent.com/pod-product-compliance
Lightning Source LLC
Chambersburg PA
CBHW062021200326
41519CB00017B/4868